Baustoffrecycling & Lehmbaustoffe

Felix Zohlen · Klaus Pistol
(Hrsg.)

Baustoffrecycling & Lehmbaustoffe

Perspektiven für eine Kreislaufwirtschaft im Bauwesen

Springer Vieweg

Hrsg.
Felix Zohlen
Bauingenieurwesen,
Architekt und Gesellschafter bei Zappe Architekten & Partner mbB
Berlin, Deutschland

Klaus Pistol
Bauingenieurwesen,
FH Potsdam
Potsdam, Deutschland

ISBN 978-3-658-45639-9 ISBN 978-3-658-45640-5 (eBook)
https://doi.org/10.1007/978-3-658-45640-5

Die Deutsche Nationalbibliothek verzeichnet diese Publikation in der Deutschen Nationalbibliografie; detaillierte bibliografische Daten sind im Internet über https://portal.dnb.de abrufbar.

Planung/Lektorat: Sandy Lunau
Springer Vieweg ist ein Imprint der eingetragenen Gesellschaft Springer Fachmedien Wiesbaden GmbH und ist ein Teil von Springer Nature.
Die Anschrift der Gesellschaft ist: Abraham-Lincoln-Str. 46, 65189 Wiesbaden, Germany

Vorwort

Das Bauwesen befindet sich in einem umfassenden Transformationsprozess, der sowohl die Digitalisierung von Planungsprozessen als auch die Umstellung der Bauwirtschaft hin zu einer nachhaltigen Kreislaufwirtschaft einschließt. Dieser Prozess stellt alle im Bauwesen beteiligten Akteure vor große Herausforderungen. Beim Neubau müssen Architekten und Bauingenieure zukünftig nicht nur die Kunst des werkstoffgerechten Konstruierens beherrschen, sondern gleichzeitig die Recyclingfähigkeit eines Bauwerks im Entwurf berücksichtigen. Ebenso müssen größere Anstrengungen zur Erhaltung von Bestandsbauwerken unternommen werden als bisher. Beim unvermeidlichen Rückbau von Bauwerken müssen technische und organisatorische Infrastrukturen für das Recycling der beim Abbruch anfallenden Bauabfälle flächendeckend aufgebaut werden.

Vor diesem Hintergrund soll die Fachöffentlichkeit mit diesem Tagungsband einerseits auf den Stand der Technik im Baustoffrecycling und andererseits auf das große Potential von Lehmbaustoffen bei der Lösung der genannten Probleme aufmerksam gemacht werden.

Das Symposium „Baustoffrecycling und Lehmbaustoffe – Perspektiven für eine Kreislaufwirtschaft im Bauwesen" fand am 26. August 2022 an der Fachhochschule Potsdam statt. Im ersten Teil des Tagungsbandes geben die Autor*innen einen allgemeinen Überblick über die aktuelle technische und abfallrechtliche Entwicklung in den Bereichen Baustoffrecycling und Lehmbaustoffe. Im zweiten Teil werden die Ergebnisse des von der Deutschen Bundesstiftung Umwelt geförderten Verbundforschungsprojektes „Muster-UPD Lehm 2.0" vorgestellt.

Es bleibt zu hoffen, dass der Tagungsband sowohl zu einer stärkeren Etablierung einer regionalisierten Kreislaufwirtschaft als auch zu einer breiteren Verwendung von Lehmbaustoffen im Bauwesen beträgt.

Potsdam
Dezember, 2024

Felix Zohlen
Klaus Pistol

Inhaltsverzeichnis

Baustoffrecycling Quo vadis

1

Anette Müller

1.1 Verwerten von Asphaltstraßenaufbruch

Ausbauasphalt lässt sich aufgrund seiner Zusammensetzung aus einer Gesteinskörnung und dem Bindemittel Bitumen, das thermoviskose Eigenschaften besitzt, gut rezyklieren (Abb. 1.1). Die Reaktivierung erfolgt durch die Erwärmung des Ausbauasphalts, wodurch das Bindemittel, ähnlich einer Thermoplaste, wieder formbar gemacht wird. Das Mischgut kann anschließend – in der Regel mit frischen Komponenten versetzt – erneut eingebaut und verdichtet werden. Nach der Abkühlung liegt der Asphalt in fester, gebrauchstauglicher Form vor.

Ausgeschlossen von dieser Kreislaufführung ist pechhaltiger Straßenaufbruch, weil er gesundheitsgefährdende polycyclische aromatische Kohlenwasserstoffe enthält, die ausgewaschen oder bei einer thermischen Behandlung freigesetzt werden können.

Die Kreislaufführung von bitumengebundenem Asphalt bietet zusätzlich zur Materialeinsparung auch die Möglichkeit der Energieeinsparung, wenn der Bitumengehalt des Ausbauasphalts in der neuen Rezeptur berücksichtigt wird und so die Menge an „frischem" Bitumen reduziert werden kann. Auch wenn der als „feedstock energy" bezeichnete Energieinhalt des Bitumens in einer Höhe von 40.000 MJ/t [1], der durch eine Verbrennung freigesetzt werden könnte, nicht berücksichtigt wird, ist der Energiebedarf der Bindemittelherstellung erheblich. Bereits bei geringen Substitutionsquoten lassen sich deshalb Einsparungen erreichen.

A. Müller (✉)
IAB – Institut für Angewandte Bauforschung gemeinnützige GmbH, Weimar, Deutschland
E-Mail: anettemueller46@gmail.com

F. Zohlen und K. Pistol (Hrsg.), *Baustoffrecycling & Lehmbaustoffe*,
https://doi.org/10.1007/978-3-658-45640-5_1

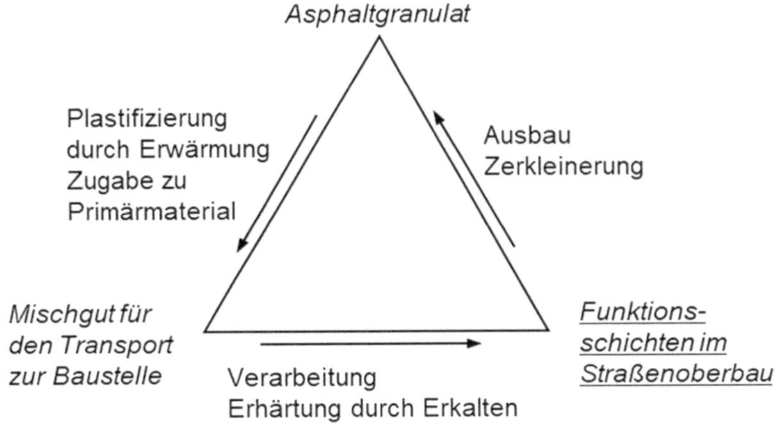

Abb. 1.1 Vereinfachter Materialkreislauf für Asphalt

1.2 Verwerten von Betonbruch

Recyclingkörnungen aus Beton werden durch Zerkleinerungs-, Klassier- und Sortierverfahren aus Betonbruch hergestellt. Sie können für die Herstellung von Tragschichten im Straßenbau oder als rezyklierte Gesteinskörnung für die erneute Betonherstellung eingesetzt werden. Die Vorschriften hinsichtlich der bautechnischen Anforderungen bzw. der Anforderungen an die wasserwirtschaftliche Güte der Rezyklate liegen für beide Einsatzgebiete vor und können in der Regel erfüllt werden.

Die Nutzung von Betonrezyklaten für die Herstellung von Frostschutzschichten oder Tragschichten wird seit den 1980er Jahren praktiziert. Proben, die aus Schichten dieser „Pionierprojekte" entnommen wurden, zeigten eine beträchtliche Heterogenität der Materialzusammensetzung, die auf das Ausgangsmaterial zurückgeht, und einen mäßigen Widerstand gegen Forst-Tau-Wechsel. Trotzdem waren keine negativen Auswirkungen auf das Gebrauchsverhalten festzustellen. Vielmehr nahm die Tragfähigkeit über die Nutzungsdauer zu [2, 3].

Die Betonherstellung aus rezyklierten Gesteinskörnungen war nach dem 2. Weltkrieg gängige Praxis. Dabei kamen Rezyklate sowohl aus Betonbruch als auch aus Mauerwerkbruch zum Einsatz. Unter den mittlerweile immer deutlicher werdenden Aspekten, dass einerseits der Deponieraum knapper wird und andrerseits auch Rohstoffe nicht unbegrenzt zur Verfügung stehen, begannen ab etwa dem Jahr 2000 neue Forschungsaktivitäten zur Betonherstellung mit rezyklierten Gesteinskörnungen. Die Ergebnisse sind in die Normung – insbesondere in eine Richtlinie des Deutschen Ausschuss für Stahlbeton [4] – eingeflossen. Danach dürfen für die Herstellung von Betonen bis zur Druckfestigkeitsklasse C30/37 maximal 45 Vol.-% rezyklierte Gesteinskörnungen >2 mm eingesetzt werden. Zur Gewährleistung der Dauerhaftigkeit kommen diese Betone in Expositionsklassen mit schwachen bis mäßigen Einwirkungen durch Feuchte und Frost sowie durch chemische Einflüsse zur Anwendung. Damit sind sie prädestiniert für den Bau von Wohn-, Gesellschafts- und Gewerbebauten aber auch für die Herstellung von Betonwaren. Für landwirtschaftlich genutzte Gebäude und für bestimmte Ingenieurbauwerke sind Betone mit rezyklierten Gesteinskörnungen weniger geeignet. Gegenwärtig wird die Vorschrift erweitert, sodass auch Körnungen <2 mm anteilig eingesetzt werden können [5].

Bei den Eigenschaften von Betonen mit rezyklierten Gesteinskörnungen kristallisiert sich mittlerweile ein erster sichtbarer Vorteil heraus. Das Saugverhalten des rezyklierten Materials verringert spürbar die Anzahl von Lunkern und Wasserläufen an der Oberfläche von Betonbauteilen. Dadurch empfiehlt sich der RC-Beton für die Verwendung als Sichtbeton – eine Erkenntnis, die in der Schweiz schon vor gut 15 Jahren vorlag (Abb. 1.2).

Betonbruch besteht aus Gesteinskörnungen und Zementstein. Erwartungen auf Energieeinsparungen bei seinem Einsatz für die erneute Betonherstellung knüpfen sich an seine mögliche „Resthydraulizität" oder die Möglichkeit, den Zementstein zu einem hydraulischen Bindemittel zu reaktivieren. Auch wenn in der Praxis darüber berichtet wird, dass sich auf Halden gelagerter Betonbruch verfestigt, handelt es sich dabei nicht um eine hydraulische – also eine auch unter Wasser stattfindende Erhärtung, bei der Calciumsilikathydrate entstehen – sondern eher um eine Karbonatisierung, die eine Krustenbildung an der Oberfläche verursacht [6]. Die Reaktivierung von Betonbruch zu einem hydraulischen Bindemittel ist aufgrund seiner chemischen Zusammensetzung nicht möglich. Im Beton mit quarzhaltigen Gesteinskörnungen ist SiO_2 die Hauptkomponente mit etwa 74 Masse-% [7]. Im „Rohmehl", für die Zementherstellung dominiert dagegen CaO mit 70 Masse-% [8]. Wenn dieser Weg trotzdem beschritten wird, ist entweder eine aufwendige Aufbereitung erforderlich, um möglichst sortenreinen Zementstein zurückzugewinnen. Die andere Möglichkeit besteht darin, dass Betonmehl mit Kalksteinmehl zu „verschneiden". In beiden Fällen kann keine Energieeinsparung erreicht werden.

Abb. 1.2 Schulneubauten aus Beton mit rezyklierten Gesteinskörnungen in Zürich 2005, in Berlin 2020. (Bildquellen: Zürich Eberhard Bauunternehmungen, Berlin Riedel Bau Magazin [5])

1.3 Verwertung von Mauerwerkbruch

Mauerwerkbruch fällt in der Regel als Gemisch verschiedener Wandbaumaterialien wie Ziegel, Kalksandstein, Leicht- und Porenbeton sowie Mörtel und Putz an. Selbst wenn nur aus einer Baustoffart bestehende Wände abgebrochen werden, tritt mindestens Mörtel als Nebenbestandteil auf. Sortenreines Ziegelmaterial kann bei Dachumdeckungen gewonnen werden, fällt aber nur in geringen Mengen an.

Die Heterogenität hat zur Folge, dass Mauerwerkbruch in seiner Anwendung stark eingeschränkt ist. Die großen Unterschiede zwischen den physikalischen Eigenschaften wie Porosität, Festigkeit und Frostwiderstand der einzelnen Bestandteile führen dazu, dass sich die Verwertung nach dem Bestandteil richten muss, der die ungünstigsten Eigenschaften aufweist. Damit beschränkt sich der Einsatz auf ein niedriges Niveau wie beispielsweise für das Verfüllen von Schächten und Hohlräumen auf der Baustelle oder für Baumaßnahmen und Profilierungen auf Deponien. Bei hohen Sulfatgehalten kann der Einsatz auch für diese einfachen Anwendungen aus wasserwirtschaftlichen Gründen nicht zulässig sein.

Um dieses Dilemma zu umgehen, muss das Gemisch entweder durch eine Sortierung in die verschiedenen Wandbaustoffarten zerlegt werden oder es wird ohne Trennung als Rohstoff verwertet. Die Sortierung mit konventionellen Verfahren, die auf der Dichte als Trennmerkmal basieren, ist wegen der geringen Dichteunterschiede kaum möglich. Als Alternative bietet sich die sensorbasierte Sortierung an. Bisher gibt es aber nur wenige Beispiele für die Anwendung der sensorbasierten Sortierung in der Baustoffrecyclingpraxis. Dominierend ist nach wie vor die händische Sortierung an Sortierbändern.

Für die Verwertung von Mauerwerkbruch ohne Trennung gibt es bisher nur das Beispiel der Herstellung von leichten Gesteinskörnungen [9, 10]. Der gemischte Mauerwerkbruch mit Ziegelgehalten von mindestens 50 Masse-% wird vorzerkleinert, gemahlen, mit einem Blähmittel versetzt und granuliert. Bei der sich anschließenden thermischen Behandlung expandieren die Granulate und erhalten durch die Sinterung ihre Stabilität. Als Produkte entstehen leichte Gesteinskörnungen, die mit den auf dem Markt befindlichen Produkten aus natürlichen Tonen vergleichbar sind. Die erzeugten Blähgranulate weisen folgende Merkmale auf:

- Rohdichten von 600 bis 1000 kg/m^3
- Einzelkornfestigkeiten bis zu 10 N/mm^2
- Wärmeleitfähigkeit 0,135 W/mK
- Einhaltung aller umwelttechnischen Parameter.

Das Verfahren kommt ohne natürliche Rohstoffe aus. Auch gipshaltiger Mauerwerkbruch kann als Rohstoff eingesetzt werden. Der Gips wird während der thermischen Behandlung zersetzt und kann als Rauchgasentschwefelungsgips zurückgewonnen werden. Vor dem Hintergrund der Verknappung von primären und sekundären Rohstoffen für die

Abb. 1.3 Ausgangsmaterial und die leichte Gesteinskörnung als Erzeugnis

Gipsherstellung ist das ein zusätzlicher interessanter Aspekt. Energetische Einsparungen gegenüber der Blähtonherstellung sind zu erwarten, weil das in den Tonmineralen chemisch gebundene Wasser bereits bei der Ziegelherstellung ausgetrieben wurde. Der dafür erforderliche Energieaufwand muss kein zweites Mal aufgebracht werden.

Die Machbarkeit dieser Verwertungsidee wurde mittlerweile über den Labormaßstab hinaus nachgewiesen. In kleintechnischen Versuchen konnten Leichtgranulate in einer Menge von mehreren Kubikmetern in einem gasbeheizten Drehrohrofen hergestellt werden (Abb. 1.3). Damit rückt die technische Realisierung dieser Verwertungstechnologie, die bei der Industrie auf großes Interesse stößt [11], in greifbare Nähe.

Literatur

1. Ali Azhar Butt: Feedstock Life Cycle Assessment of Asphalt Roads. Thesis University of California, Davis, December 2014.
2. Wörner, T.: Reststoffverwertung im Straßenbau. Teilvorhaben 4: Untersuchungen über das Verhalten von Recycling-Baustoffen (RC-Baustoffe) in Tragschichten ohne Bindemittel unter längerer Verkehrsbeanspruchung. Technische Universität München, Fakultät für Bauingenieur und Vermessungswesen. München 2004.
3. Radenberg, M. et al.: Evaluation Ressourcen schonender Tragschichten. Forschung Straßenbau und Verkehrstechnik. 2019, Heft 1133.

4. Deutscher Ausschuss für Stahlbeton: DAfStb-Richtlinie Beton nach DIN EN 206–1 und DIN 1045–2 mit rezyklierten Gesteinskörnungen nach DIN EN 12620 – Teil 1: Anforderungen an den Beton für die Bemessung nach DIN EN 1992- 1–1.Beuth-Verlag. Berlin 2010.
5. Entwurf DIN 1045–2: Tragwerke aus Beton, Stahlbeton und Spannbeton – Teil 2: Beton. Juli 2022.
6. Leonardo da Vinci Gymnasium (2020): Hier wird Zukunft gebaut. Riedel Bau Magazin, S. 64–65.
7. Behring, Z.: Evaluating the use of recycled concrete aggregate in French drain applications. Master Thesis. University of Central Florida. Orlando 2011.
8. Müller, A.: Baustoffrecycling. Entstehung – Aufbereitung – Verwertung. SpringerVieweg 2018.
9. Stuerwald, S.; Meglin, R.; Kytzia, S.; Gilg, S.: Use of recycled concrete fines in cement and as aggregate. Acta Polytechnica CTU Proceedings 33, S. 591–596, 2022.
10. Müller, A.; Liebezeit, S.; Palzer, U.: Aufbaukörnungen aus gipshaltigem Mauerwerkbruch – Teil 1: Untersuchungen im Labormaßstab. Chem. Ing. Tech. 2022, 94. https://doi.org/10.1002/cite.202200074
11. Müller, A.; Liebezeit, S.; Palzer, U.: Aufbaukörnungen aus gipshaltigem Mauerwerkbruch – Teil 2: Untersuchungen im Pilotmaßstab. Ing. Tech. 2023, 95. https://doi.org/10.1002/cite.202200075.

Umweltanforderungen an ein Baustoffrecycling

2

Rüdiger Schultz-Sternberg

2.1 Steigerung der Ressourceneffizienz

Das Bauwesen ist der materialintensivste Wirtschaftszweig in Deutschland. Allein an mineralischen Primärrohstoffen werden ca. 500 Mio. Tonnen pro Jahrverbaut, was 90 % der gesamten inländischen Entnahme entspricht Literaturquelle 2.

Dem Bedarf an mineralischen Primärrohstoffen stehen jährlich etwa 240 Mio. Tonnen mineralische Abfälle gegenüber, die mengenmäßig den mit Abstand größten Abfallstrom in Deutschland darstellen. Deren Verwertung ist umweltpolitisch so zu steuern, dass den Anforderungen der Agenda 2030 für nachhaltige Entwicklung der Vereinten Nationen an ein nachhaltiges und ressourceneffizientes Wirtschaften bestmöglich entsprochen und der Schutz von Mensch und Umwelt unter Berücksichtigung des Vorsorge- und Nachhaltigkeitsprinzips am besten gewährleistet wird.[1] Für eine Steigerung der gesamtwirtschaftlichen Ressourceneffizienz stellt der Baubereich somit den Schlüsselsektor dar.

Im Rahmen der Wertschöpfungskette gelangen als Primärrohstoffe gewonnene mineralischen Baustoffe („Mining“, roter Bereich in Abb.2.1) in die Nutzungsphase, gebunden im Siedlungsraum, („Urbanen Mine“, grauer Bereich). Diese Phase besteht aus sämtlichen genutzten mineralischen Baustoffen in Hoch- und Tiefbauanwendungen, bzw. bereits hergestellten Bauprodukten. Durch die Wiederverwendung, das Recycling und die Verwertung mineralischer Baustoffe („Urban Mining“) entstehen verschiedene

R. Schultz-Sternberg (✉)
Hochschule für nachhaltige Entwicklung Eberswalde, Eberswalde, Deutschland
E-Mail: Ruediger.Schultz-Sternberg@hnee.de

F. Zohlen und K. Pistol (Hrsg.), *Baustoffrecycling & Lehmbaustoffe*,
https://doi.org/10.1007/978-3-658-45640-5_2

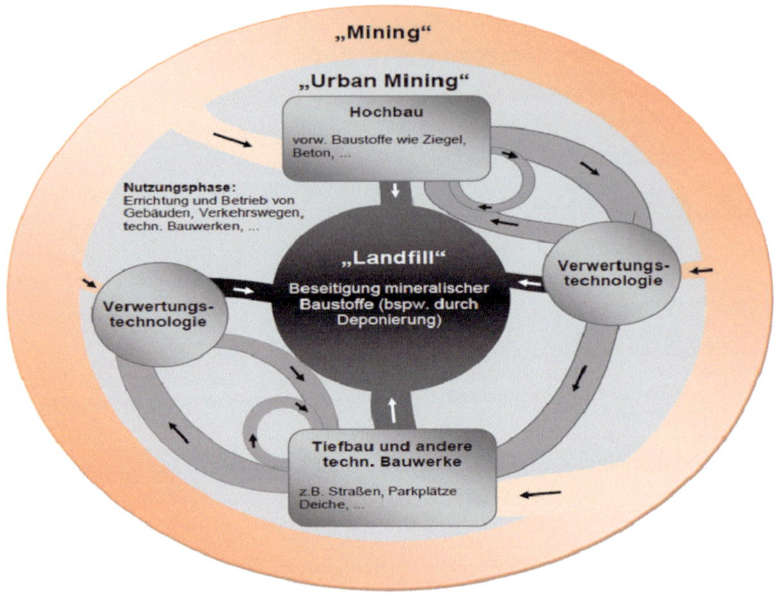

Abb. 2.1 Vereinfachte schematische Darstellung der Wertschöpfungskette mineralischer Baustoffe. (Aus LAGA 2022)

Kreisläufe innerhalb der urbanen Mine. Ist eine weitere Verwendung nicht mehr möglich, verlassen die mineralischen Bau- und Abbruchabfälle die Wertschöpfungskette im Wege der Beseitigung (schwarzer Bereich), hauptsächlich im Rahmen der Deponierung.

Ausgehend von den verschiedenen Wegen der Wertschöpfungskette (siehe Abb. 2.1) ergeben sich nach LAGA 2022[2] drei Hauptziele einer ressourcen-effizienten (Bau-) Wirtschaft:

1. Reduzierung des Einsatzes von Primärrohstoffen (Ressourcenschonung),
2. Verlängerung der Nutzungsphase mineralischer Baustoffe in der Wertschöpfungskette und Stärkung der Kreislaufführung (Ressourceneffizienz) und
3. Reduzierung der Beseitigung auf das benötigte Minimum (Deponie als Schadstoffsenke).

Dies lässt sich erreichen, indem der Bedarf an mineralischen Baustoffen zukünftig vordringlich aus Sekundär- statt aus Primärrohstoffen gedeckt wird. Dies geht Hand in Hand mit der Verlängerung der Nutzungsphase durch möglichst lange Verwendung mineralischer Baustoffe in hochwertigen Kreisläufen und Kaskaden. Darüber hinaus muss sich die Beseitigung auf tatsächlich unverwertbare Restfraktionen begrenzen.

2.2 Abfallrechtliche Anforderungen an ein Baustoffrecycling

2.2.1 Abfalleigenschaft

Mit dem verstärkten Einsatz von aufbereiteten Sekundärbaustoffen werden Bauabfälle zu einer wichtigen Ressource. Das macht ein Umdenken in der Wertschätzung und Behandlung von Bauabfällen erforderlich. Ein wesentliches rechtliches Merkmal von Abfällen besteht darin, dass sie ihre bisherige Zweckbestimmung verloren haben und oft nur noch wenig oder keinen Wert für den Eigentümer mehr besitzen. Dieser möchte sich der Abfälle möglichst kostengünstig entledigen. Hinzu kommt, dass Abfälle in der Regel Schadstoffe und Störstoffe enthalten, die bei unsachgemäßer Entledigung Mensch und Umwelt gefährden.

Der Gesetzgeber hat mit dem Kreislaufwirtschaftsgesetz (KrWG)[3] eine rechtliche Verbindlichkeit geschaffen, wie Abfälle ordnungsgemäß zu entsorgen sind. Zweck des Gesetzes ist es, die Kreislaufwirtschaft zur Schonung der natürlichen Ressourcen zu fördern und den Schutz von Mensch und Umwelt bei der Erzeugung und Bewirtschaftung von Abfällen sicherzustellen. Mit dem KrWG wird die für ganz Europa geltende Abfallrahmenrichtlinie in Deutschland umgesetzt.

Konkrete Anforderungen an die Verwertung mineralischer Abfälle in erdnahen Bauwerken (insbesondere denen des Tiefbaus) wurden bisher länderweit geregelt und basieren größtenteils auf fachlichen Anforderungen, die in den Mitteilungen 20 der Länderarbeitsgemeinschaft Abfall (LAGA M20) genannt werden. Das Regelwerk der LAGA M20 besteht aus den drei Teilen: Teil I Allgemeiner Teil vom 06.11.2003[4], Teil II Technische Regeln für die Verwertung – 1.2 Bodenmaterial und sonstige mineralische Abfälle vom 31.08.2004 und Teil III: Probenahme und Analytik vom 31.08.2004. Da die LAGA nur den ersten Teil veröffentlicht hat und das Regelwerk selbst keine rechtliche Verbindlichkeit besitzt haben die meisten Bundesländer die LAGA M20 über Erlasse für ihren Vollzug behördenverbindlich eingeführt.

Seit dem 01.08.2023 ist die Ersatzbaustoffverordnung, die Anforderungen an die Herstellung von Ersatzbaustoffen bundesweit regelt, in Kraft getreten. Diese ist zusammen mit der Novelle der Bundesbodenschutzverordnung im Rahmen der sogenannten „Mantelverordnung“[5] veröffentlich.

2.2.2 Abfallhierarchie

Eine fünfstufige Abfallhierarchie (§ 6 KrWG) legt für Maßnahmen der Vermeidung, der Verwertung und der Beseitigung von Abfällen die folgende Rangfolge fest (siehe Abb. 2.2).

1. Abfälle sind zu vermeiden
2. Vorbereitung zur Wiederverwendung,
3. Recycling,
4. sonstige Verwertung, insbesondere energetische Verwertung und Verfüllung,
5. Beseitigung.

Oberste Priorität hat die Vermeidung von Abfällen. Darunter versteht man jede Maßnahme, die ergriffen wird, bevor ein Stoff, Material oder Erzeugnis zu Abfall geworden ist. Die Vermeidung dient dazu, die Abfallmenge sowie die schädlichen Auswirkungen des Abfalls auf Mensch und Umwelt oder den Gehalt an schädlichen Stoffen in Materialien und Erzeugnissen zu verringern.

Als nächstes folgt die Vorbereitung zur Wiederverwendung. Eine Wiederverwendung im Sinne dieses Gesetzes stellt jedes Verfahren dar, bei dem Erzeugnisse oder Bestandteile, die keine Abfälle sind, wieder für denselben Zweck verwendet werden, für den sie ursprünglich bestimmt waren.

Auf der nächsten Stufe steht das Recycling. Recycling im Sinne des KrWG ist jedes Verwertungsverfahren, durch das Abfälle zu Erzeugnissen, Materialien oder Stoffen entweder für den ursprünglichen Zweck oder für andere Zwecke aufbereitet werden; es schließt die Aufbereitung organischer Materialien ein. Ist ein Recycling nicht möglich, so ist eine sonstige Verwertung, insbesondere die energetische Verwertung bzw. die Verfüllung von Abfällen zu prüfen.

Bei der Anwendung der Abfallhierarchie hat jedoch stets diejenige Verwertungsmaßnahme Vorrang, die aufgrund einer komplexen Abwägung, bestehend aus einer ökobilanziellen Lebenszyklusbetrachtung, ergänzt um die Aspekte technischer Möglichkeit und wirtschaftlicher Zumutbarkeit, insgesamt am besten erscheint (§ 6 Abs. 2 KrWG). Die vorrangige Verwertungspflicht nach der Abfallhierarchie ist im KrWG über die in § 7 KrWG genannten Grundpflichten für den Abfallerzeuger und -besitzer und der in § 8 KrWG genannten Rangfolge und Hochwertigkeit der Verwertung geregelt.

Erst wenn eine Prüfung der Abfallhierarchie die oberen 4 Stufen unter Berücksichtigung des insgesamt besten Ergebnisses für die Umwelt nicht infrage kommen lassen ist eine Beseitigung des Abfalls in Form einer Ablagerung auf einer Deponier erlaubt.

2.3 Abfalltrennung und selektiver Rückbau

Für eine möglichst hochwertige Verwertung von Bauabfällen ist es notwendig, diese schon bei der Entstehung möglichst sortenrein zu trennen. Eine Vermischung verschiedener Abfallkomponenten macht eine spätere Aufbereitung zu qualitativ hochwertigen Sekundärbaustoffen oft technisch unmöglich, zumindest aber kostenintensiv und damit unrentabel.

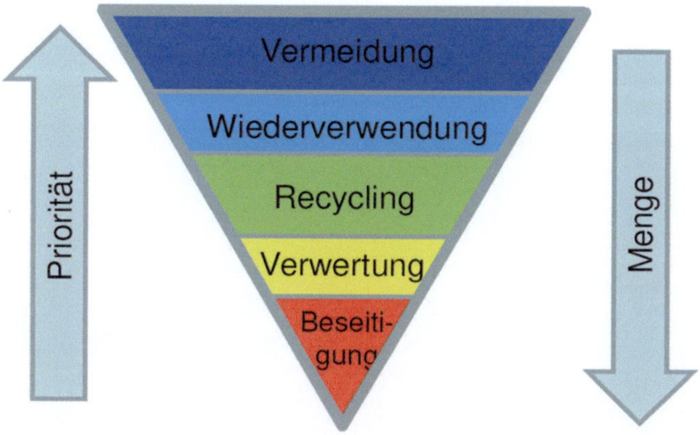

Abb. 2.2 Stufen der Abfallhierarchie. Das Dreieck symbolisiert die Rangfolge (Zunahme der Priorität von unten nach oben) und den idealerweise entstehenden Durchlauf (Abnahme der Menge von oben nach unten)

Seit 2017 ist nach § 8 der Gewerbeabfallverordnung[6] eine Getrennthaltung folgender Abfallfraktionen durch die Erzeuger und Besitzer von Bau- und Abbruchabfällen grundsätzlich vorgeschrieben:

1	Glas (AS 17 02 02),
2	Kunststoff (AS 17 02 03),
3	Metalle, einschließlich Legierungen (AS l 17 04 01 bis 17 04 07, 17 04 11),
4	Holz (AS 17 02 01),
5	Dämmmaterial (AS 17 06 04),
6	Bitumengemische (AS 17 03 02),
7	Baustoffe auf Gipsbasis (AS 17 08 02),
8	Beton (AS 17 01 01),
9	Ziegel (AS 17 01 02) und
10	Fliesen und Keramik (AS 17 01 03)

Diese Abfälle sind anschließend vorrangig der Vorbereitung zur Wiederverwendung oder dem Recycling zuzuführen.

Hierzu sollte bereits die Planung des Rückbaus von Gebäuden hinreichend konkret erfolgen, damit bei der Vorbereitung und Ausführung sichergestellt wird, dass die entnommenen Materialien hochwertig verwertet und, wenn das nicht möglich ist, umweltverträglich beseitigt werden können. Maßnahmen eines selektiven Rückbaus und anfallende Rückbaufraktionen sind in Abb. 2.3 dargestellt.

Eine Arbeitshilfe für alle an einem selektiven Rückbau Beteiligten stellt der Brandenburger Leitfaden für den Rückbau von Gebäuden dar[7]. Er umfasst in der Praxis

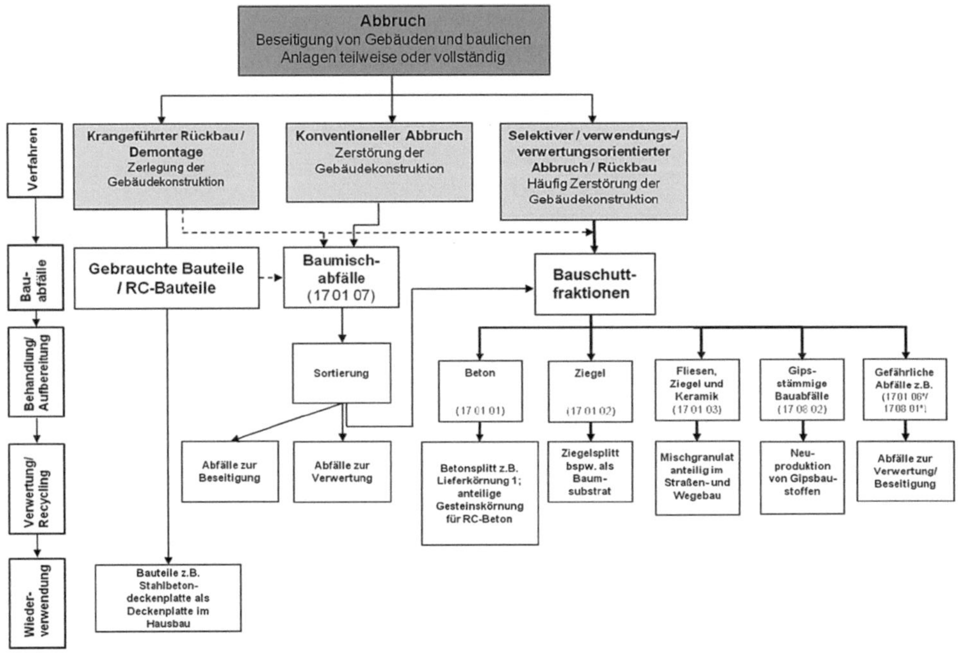

Abb. 2.3 Selektiver Rückbau im Vergleich mit konventionellem Abbruch und krangeführter Demontage (aus Brandenburger Leitfaden für den Rückbau von Gebäuden)

anwendbare Informationen für die gesamte Wertschöpfungskette des Rückbaus, beginnend bei der Vorplanung, den Erkundungsbeprobungen und der Rückbauplanung über die Vorbereitung und Baustelleneinrichtung bis zur Ausführung der Rückbauarbeiten.

Der selektive Rückbau stellt sich in vielen Fällen als kostengünstiger im Vergleich zum teilselektiven oder konventionellen Abbruch dar. Zwar fallen zuerst bei einem verwendungs-/verwertungsorientierten Rückbau i. d. R. höhere Planungskosten und höheren Kosten für die Bestandsaufnahme des rückzubauenden Gebäudes und der Beprobung von Baumaterialien und -stoffen an. Auch sind die Kosten der Rückbauarbeiten aufgrund des händischen Aufwands größer als die Kosten eines traditionellen Abbruchs.

Dagegen werden deutlich höhere Erlöse für getrennt erfasste Wertstoffe erzielt und die Beseitigungskosten für nicht verwertbare Materialien reduzieren sich aufgrund der geringeren zu beseitigenden Mengen [7].

2.4 Einstufung und Deklaration von Bauabfällen

Jeder gewerbliche Abfallerzeuger hat die Pflicht, den entstehenden Abfall nach der Abfallverzeichnisverordnung[8] einzustufen und zu deklarieren. Die Abfallverzeichnisverordnung (AVV) listet für die Deklaration über 800 Abfallschlüssel auf, die nach Herkunft und Entstehungsprozess geordnet sind. Jedem dort genannten Abfall wird mit dem Abfallschlüssel ein sechstelliger Zahlencode zugeordnet, der hierarchisch in Abfallkapitel, Abfallgruppe und Abfallschlüssel systematisiert ist.

Abfälle aus dem Bausektor sind in der AVV im Abfallkapitel 17 „Bau- und Abbruchabfälle (einschließlich Aushub von verunreinigten Standorten)“ aufgeführt. Hierunter finden sich die Abfallgruppen 17 01 (Beton, Ziegel, Fliesen und Keramik), 17 02 (Holz, Glas und Kunststoff), 17 03 (Bitumengemische, Kohlenteer und teerhaltige Produkte), 17 04 (Metalle einschließlich Legierungen), 17 05 (Boden einschließlich Aushub von verunreinigten Standorten, Steine und Baggergut), 17 06 (Dämmmaterial einschließlich asbesthaltiger Baustoffe), 17 08 (Baustoffe auf Gipsbasis) und 17 09 (Sonstige Bau- und Abbruchabfälle).

Wichtig für die Einstufung ist neben der Festlegung der Herkunft (Abfallkapitel) und der Materialgruppe auch die Bewertung der Gefährlichkeit des Abfalls. Die Einstufung der Gefährlichkeit ergibt sich aus Gefahrenmerkmalen des Gefahrstoffrechts. 405 Abfallarten sind als gefährlich eingestuft und werden mit einem Stern (*) hinter der Abfallschlüsselnummer gekennzeichnet. Immer als gefährlich einzustufende Bau- und Abbruchabfälle sind beispielsweise.

17 03 01* (kohlenteerhaltige Bitumengemische),
17 03 03 (Kohlenteer und teerhaltige Produkte),
17 09 01* (Bau- und Abbruchabfälle, die Quecksilber enthalten) und
17 09 02* (Bau- und Abbruchabfälle, die PCB enthalten).

Weiterhin gibt es in der AVV noch 172 sogenannte „Spiegeleinträge“ für Abfälle, deren Einstufung vom konkreten Gehalt gefährlicher Inhaltsstoffe oder Eigenschaften abhängt. Die Gefährlichkeitseinstufung erfolgt im Einzelfall entweder anhand einer gefahrstoffrechtlichen Bewertung, aufgrund von Erfahrung im Vollzug oder nach Ergebnissen analytischer Untersuchungen.

Spiegeleinträge für Bau- und Abbruchabfälle sind beispielsweise

17 01 06* Gemische aus oder getrennte Fraktionen von Beton, Ziegeln, Fliesen und Keramik, die gefährliche Stoffe enthalten	17 01 07 Gemische aus Beton, Ziegeln, Fliesen und Keramik mit Ausnahme derjenigen, die unter 17 01 06 fallen
17 05 03* Boden und Steine, die gefährliche Stoffe enthalten	17 05 04 Boden und Steine mit Ausnahme derjenigen, die unter 17 05 03 fallen

17 05 05* Baggergut, das gefährliche Stoffe enthält	17 05 06 Baggergut mit Ausnahme desjenigen, das unter 17 05 05 fällt
17 05 07* Gleisschotter, der gefährliche Stoffe enthält	17 05 08 Gleisschotter mit Ausnahme desjenigen, der unter 17 05 07 fällt

In den Bundesländern Berlin und Brandenburg sind konkrete Anforderungen an die Bewertung der Gefährlichkeit von Spiegeleinträgen durch Vollzugshinweise[9] geregelt, die bei der Abfalldeklaration zu berücksichtigen sind. Hier sind auch Schwellenwerte für das Gefahrenmerkmal HP14 (terrestrisch ökotoxisch) für die Abfallschlüssel Bodenmaterial, Baggergut, Gleisschotter und Bauschutt aufgeführt.

Bei einer Entsorgung von Abfällen sind Nachweis-, Register- und Andienpflichten zu beachten. Die Entsorgung gefährlicher Abfälle unterliegt gemäß §§ 49, 50 KrWG in Verbindung mit der Nachweisverordnung[10] (NachwV) seit dem Jahr 2010 der elektronischen Nachweis- und Registerführung für Erzeuger, Beförderer und Entsorger. Die Nachweisführung gefährlicher Abfälle besteht aus einer Vorab- und einer Verbleibkontrolle.

In den Ländern Berlin und Brandenburg besteht darüber hinaus für gefährliche Abfälle die Andienpflicht an die Sonderabfallgesellschaft Brandenburg/Berlin mbH (SBB). Die Andienung erfolgt im elektronischen Verfahren. Vor Entsorgungsbeginn müssen der Zuweisungsbescheid bzw. die Verwertungsfeststellung sowie die behördliche Bestätigung der Entsorgungsnachweise durch die SBB vorliegen.

Die Entsorgung von Abfällen ist grundsätzlich registerpflichtig (§ 49 KrWG). Für die Führung eines Registers ist § 24 NachwV zu beachten. Bei nicht gefährlichen Abfällen erfolgt die Registerführung durch eine gesonderte Dokumentation der Lieferscheine. Bei gefährlichen Abfällen erfolgt sie bereits im Zuge der elektronischen Nachweisführung,

2.5 Herstellung und Einbau von Ersatzbaustoffen

Die im August 2023 in Kraft tretende Ersatzbaustoffverordnung (ErsatzbaustoffV) regelt die Annahme in Aufbereitungsanlagen (Kap. 2), deren Herstellung einschließlich der Güteüberwachung (Kap. 3), den Einbau in technische Bauwerke (Kap. 4) und die getrennte Sammlung und Verwertung aus technischen Bauwerken (Kap. 5).

Ausgenommen von den Regelungen der ErsatzbaustoffV sind nach § 1, Abs. 2 Bodenschätze (Primärressourcen) aus Abgrabungen, Tagebauen und Brüchen, die Verwendung von mineralischen Ersatzbaustoffen

- auf, in oder unterhalb einer durchwurzelbaren Bodenschicht (hier gilt die BBodSchV),
- als Deponieersatzbaustoff (gem. Deponieverordnung),

- auf Halden und Absetzbecken des Bergbaus und in bergbaulichen Hohlräumen (gem. Versatzverordnung),
- in Gewässern,
- im Deichbau,
- als pechfreier Ausbauasphalt der Verwertungsklasse A (Heißmischverfahren) im Straßenbau,

sowie Zwischen- und Umlagerungen bei baulichen und betrieblichen Anlagen, in Tagebauen und im Rahmen von Sanierungen von Altlasten und schädlichen Bodenveränderungen und hydraulisch gebundene Gemische (i. d. R. Betonbau) und deren Einsatzstoffe im Bereich der Bauordnungen (i. d. R. Hochbau) sowie im Bereich der Bundesverkehrswege.

Als mineralischer Ersatzbaustoff gilt nach § 2 Nr. 1 der ErsatzbaustoffV ein mineralischer Baustoff, der als Abfall oder als Nebenprodukt in Aufbereitungsanlagen hergestellt wird oder bei Baumaßnahmen anfällt, unmittelbar oder nach Aufbereitung für den Einbau in technische Bauwerke geeignet und bestimmt ist und unmittelbar oder nach Aufbereitung unter die in § 2 ErsatzbaustoffV entsprechend bezeichneten Stoffe fällt.

Die Verordnung definiert 16 mineralische Ersatzbaustoffe, von denen vier (RC-Baustoff, Ziegelmaterial, Gleisschotter und Bodenmaterial) vorwiegend aus Abfällen von Baumaßnahmen und einer (Baggergut) aus Gewässerausbau und -pflege stammen. Bei den übrigen 11 Ersatzbaustoffen handelt es sich um Schlacken und Aschen aus Verbrennungsanlagen oder aus metallurgischen Prozessen, die einer Verwertung in Bauwerken zugeführt werden sollen.

Anforderungen an eine durch die abfallrechtliche Überwachung kontrollierte Qualitätssicherung von Ersatzbaustoffen werden über die Annahmekontrolle (§ 3 ErsatzbaustoffV) und die Güteüberwachung bei der Herstellung von Ersatzbaustoffen (§§ 4–13 ErsatzbaustoffV) geregelt. Die Notwendigkeit dieser Regelungen ist der Tatsache geschuldet, dass ein erhöhter Einsatz von Ersatzbaustoffen bisher auch daran gescheitert ist, dass bei den Bauherren das notwendige Vertrauen in deren Qualität in Hinblick auf die Umwelteigenschaften nicht gegeben war.

Neue zentrale Elemente der Güteüberwachung bilden nach den §§ 4–7 ErsatzbaustoffV

- ein Eignungsnachweis mit intensiven Untersuchungen im Rahmen einer Erstprüfung,
- die kontinuierlich zu betreibende und zu dokumentierende werkseigene Produktionskontrolle sowie
- die in regelmäßigen Abständen stattfindende Fremdüberwachung, deren Ergebnisse jeweils in einem Prüfzeugnis festgehalten werden.

Die in § 3 ErsatzbaustoffV festgelegte Annahmekontrolle gewährleistet die Dokumentation einer ordnungsgemäßen Deklaration bei der Übergabe des Abfalls vom Erzeuger in eine Behandlungsanlage und kann als Bestandteile der Qualitätssicherung angesehen werden.

Die abfallrechtliche Überwachungsbehörde wird regelmäßig informiert, hat die ordnungsgemäße Durchführung der Güteüberwachung zu gewährleisten und bei Bekanntwerden von Unstimmigkeiten in der Güteüberwachung einzuschreiten.

Grundsätzlich neu sind die in der ErsatzbaustoffV vorgeschriebenen Untersuchungsmethoden zur Feststellung der Schadstofffreisetzung in den Ersatzbaustoffen. Bisher erfolgte die Herstellung eines Eluat zur Bestimmung der Schadstofffreisetzung übereinen Schüttelextrakt mit einem Feststoff-Wasserverhältnis von 1:10. Um über das Elutionsverfahren die im Boden stattfindenden Perkolationsprozesse besser zu erfassen, wurden in mehreren Forschungsvorhaben Perkolationsverfahren entwickelt und als Norm festgelegt (DIN 19528). Aus den Ergebnissen dieser Untersuchungen wurden anschließend die jeweiligen Materialwerte für die Ersatzbaustoffe abgeleitet, aus denen sich deren Einsetzbarkeit ergibt. Neben dem ausführlichen Säulenversuch und dem Säulenkurztest (beide nach DIN 19528) lässt die Ersatzbaustoffverordnung aber auch noch den Schüttelversuch (Feststoff-Wasserverhältnis von 1:2) nach DIN 19529 zu.

Mineralische Ersatzbaustoffe derselben Art und Herkunft, die sich in ihrer Materialqualität auf Grund unterschiedlicher Schadstoffgehalte (i. d. R. Eluatgehalte) unterscheiden, werden in verschiedene Materialklassen eingeteilt. Für die verschiedenen Ersatzbaustoffe bzw. Materialklassen sind Verwendungsmöglichkeiten oder -ausschlüsse in unterschiedlichen Bauweisen von Bauwerken festgelegt.

Die Einstufung mineralischer Ersatzbaustoffe in Hinblick auf eine mögliche Schadstofffreisetzung erfolgt über Materialwerte. Diese stellen i. d. R. Grenzwerte dar, deren Einhaltung die Zuordnung zu Ersatzbaustoffen oder Materialklassen von Ersatzbaustoffen bestimmt. Sind einzelne Untersuchungsparamenter der Materialwerte als Orientierungswerte ausgewiesen (z. B. pH-Wert), ist für diese nur der Grund der Abweichung zu prüfen.

Materialwerte in Form von Feststoffgehalten sind nur bei Boden und Baggergut für verschiedene Schwermetalle und organische Schadstoffe und bei Recycling-Baustoffen für PAK16 festgelegt.

Als technische Bauwerke, in denen die mineralischen Ersatzbaustoffe nach deren Einordnung über die Materialwerte eingesetzt werden können, gilt nach § 2 Nr. 3 ErsatzbaustoffV jede mit dem Boden verbundene Anlage oder Einrichtung, die nach einer Einbauweise errichtet wird die in Anlage 2 (17 Einbauweisen) oder Anlage 3 (26 spezielle Bahnbauweisen) genannt sind; hierzu gehören insbesondere

a) Straßen, Wege, Parkplätze
b) Baustraßen
c) Schienenverkehrswege
d) Lager-, Stell- und sonstige befestigte Flächen,
e) Leitungsgräben und Baugruben, Hinterfüllungen und Erdbaumaßnahmen, beispielsweise Lärm- und Sichtschutzwälle und
f) Aufschüttungen zur Stabilisierung von Böschungen und Bermen.

Für jeden Ersatzbaustoff bzw. jede Materialklasse eines Ersatzbaustoffes existiert eine Tabelle, in der die Zulässigkeit oder die Unzulässigkeit eines Einsatzes für alle genannten Einbauweisen dargestellt ist. Hierbei werden auch die Konfiguration der Grundwasserdeckschicht sowie besondere Anforderungen in Wasserschutzgebieten und Heilquellenschutzgebieten berücksichtigt.

2.6 Bauaufsichtliche Anforderungen mit Bezug zum Abfallrecht

Für den Hochbau stellen in Deutschland die Landesbauordnungen einen wesentlichen Bestandteil des öffentlichen Baurechts dar. Sie basieren auf der von Sachverständigen ausgearbeiteten und von der Bauministerkonferenz beschlossenen Musterbauordnung (MBO). Da die Länder aus Gründen der Vereinfachung und Übersichtlichkeit vereinbart haben, bei ihrer Rechtssetzung auf die Musterregelungen Bezug zu nehmen, enthalten die Landesbauordnungen in diesem Bereich im Wesentlichen übereinstimmende Vorschriften.

§ 3 der MBO ermächtigt die Länder im Rahmen der bauordnungsrechtlichen Gefahrenabwehr, bezogen auf die jeweilige Einbausituation, Anforderungen an die Freisetzung von Stoffen (Art und Menge) für Bauprodukte zu treffen, auch solche in denen mineralische Abfälle oder Nebenprodukte verwertet wurden. Dabei werden vor allem bauliche Anlagen betrachtet, die in Boden oder Grundwasser eingebaut bzw. durch Niederschlag beaufschlagt werden.

Wenn durch konstruktive Maßnahmen eine Freisetzung von gefährlichen Stoffen ausgeschlossen ist, müssen keine Nachweise über die Freisetzung von gefährlichen Stoffen erbracht werden.

Im Rahmen der Musterbauordnung konkretisiert die durch das Deutsche Institut für Bautechnik (DIBt) herausgegebene Muster-Verwaltungsvorschrift Technische Baubestimmungen (M-VV TB) durch entsprechende technische Regelwerke die Regelungen zu Bauprodukten und Bauarten. Die materiellen Anforderungen für den Umwelt- und Gesundheitsschutz sind dort im Anhang 10 „Anforderungen an bauliche Anlagen bezüglich der Auswirkungen auf Boden und Gewässer *(ABUG)“ beschrieben.*

In den ABUG finden sich Anforderungen an Schadstoffgehalte von Bauprodukten die unter Einsatz von Abfällen oder Ersatzbaustoffen wie z. B. rezyklierte und industrielle Gesteinskörnungen hergestellt werden.

Der Einsatz hydraulisch gebundener Gemische einschließlich deren Ausgangs-, Zuschlags- und Zusatzstoffe im Geltungsbereich der Landesbauordnungen ist nach § 1, Nr. 4 der Ersatzbaustoffverordnung ausdrücklich von deren Anwendungsbereich ausgenommen, soweit es sich nicht um Decken oder Tragschichten der dort genannten Einbauweisen 1, 3, und 5 handelt.

Da künftig die umweltrechtlichen Anforderungen der ErsatzbaustoffV die Qualitätsmerkmale der hergestellten mineralischen Ersatzbaustoffe bestimmen werden, sind zur

Zeit eventuell notwendige Anpassungen der ABUG an die veränderte analytische Methodik der ErsatzbaustoffV in der Diskussion.

Anmerkungen

1. Deutscher Bundestag: Verordnung der Bundesregierung. Verordnung zur Einführung einer Ersatzbaustoffverordnung, zur Neufassung der Bundes-Bodenschutz- und Altlastenverordnung und zur Änderung der Deponieverordnung und der Gewerbeabfallverordnung. BT-Drs 19/29.636 vom 12.05.2021.
2. Länderarbeitsgemeinschafts Abfall (LAGA) 2022: Verstärkte Berücksichtigung des Kriteriums Ressourceneffizienz bei der Bewertung der Nachhaltigkeit im Bauwesen. URL: https://www.laga-online.de/documents/verstaerkte-beruecksichtigung-der-ressourceneffizienz-bei-der-bewertung-der-nachhaltigkeit-im-bauwesen_langbericht_2_1629269218.pdf.
3. Gesetz zur Förderung der Kreislaufwirtschaft und Sicherung der umweltverträglichen Bewirtschaftung von Abfällen (Kreislaufwirtschaftsgesetz – KrWG) vom 24.2.2012, zuletzt geändert durch Artikel 5 des Gesetzes vom 2. März 2023 (BGBl. 2023 I Nr. 56).
4. Mitteilungen der Länderarbeitsgemeinschaft Abfall (LAGA) 20: Anforderungen an die stoffliche Verwertung mineralischer Abfälle/Reststoffe vom 06.11.2003.
5. Verordnung zur Einführung einer Ersatzbaustoffverordnung, zur Neufassung der Bundes-Bodenschutz- und Altlastenverordnung und zur Änderung der Deponieverordnung und der Gewerbeabfallverordnung. BT-Drs 494/21 vom 11.06.2021.
6. Verordnung über die Bewirtschaftung von gewerblichen Siedlungsabfällen und von bestimmten Bau- und Abbruchabfällen (Gewerbeabfallverordnung – GewAbfV) 2017, zuletzt geändert durch Art. 3 V v. 28.4.2022 I 700.
7. Brandenburger Leitfaden für den Rückbau von Gebäuden. Hrsg: Ministerium für Ländliche Entwicklung, Umwelt und Landwirtschaft des Landes Brandenburg. URL: https://mluk.brandenburg.de/sixcms/media.php/9/Leitfaden_selektiver_Rueckbau.pdf.
8. Verordnung über das Europäische Abfallverzeichnis (Abfallverzeichnis-Verordnung – AVV)vom 10.12.2001, zuletzt geändert durch Art. 1 V v. 30.6.2020. URL: https://www.gesetze-im-internet.de/avv/.
9. Erlass des Ministeriums für Landwirtschaft, Umwelt und Klimaschutz des Landes Brandenburg zur Neufassung der „Vollzugshinweise zur Zuordnung von Abfällen zu den Abfallarten eines Spiegeleintrages in der Abfallverzeichnis-Verordnung" vom 1. März 2023. URL https://bravors.brandenburg.de/sixcms/media.php/76/Amtsblatt%2013_23.pdf.
10. „Nachweisverordnung vom 20. Oktober 2006 (BGBl. I S. 2298), zuletzt geändert durch Artikel 5 der Verordnung vom 28. April 2022 (BGBl. I S. 700).

Lehm im Baustoffkreislauf – Bauprodukte, Modelle, Rückbau und Recycling

3

Horst Schroeder und Manfred Lemke

3.1 Projekte zur ökologischen Bilanzierung von Lehmbaustoffen

In einem von der Deutschen Bundesstiftung Umwelt (DBU) geförderten Projekt „UPD Lehm.1/2" hat der Dachverband Lehm e. V (DVL) in der Zeit von 2016–2022 Datengrundlagen/Muster-UPD für die DIN-gestützten Produktkategorien Lehmsteine (LS), Lehmmauermörtel (LMM), Lehmputzmörtel (LPM) und Lehmplatten (LP) entwickelt:

Teil 1: „Entwicklung von Rahmenbedingungen zur Erstellung von Muster-UPD für Lehmbaustoffe", gefördert von der Deutschen Bundesstiftung Umwelt (DBU)
Laufzeit: 11.2016–07.2018
(Ergebnisse Teil 1: Schroeder, H.; Lemke, M.: Ökologische Bilanzierungen f. Lehmbaustoffe. LEHM 2020, 8. Int. Fachtagung f. Lehmbau, Weimar:2020)
Teil 2: „Erarbeitung von Datengrundlagen und Muster-UPD für Lehmmauermörtel, Lehmsteine und Lehmplatten unter besonderer Berücksichtigung der Möglichkeiten des Recyclings", gefördert von der Deutschen Bundesstiftung Umwelt (DBU)
Laufzeit: 05.2020–08.2022

Projektpartner waren die FH Potsdam (Prof. Dr.-Ing. Pistol, Schwerpunkt: Recycling von Lehmbaustoffen im Labormaßstab) und die TH Ostwestfalen-Lippe OWL (Prof. DI Schulz, Schwerpunkt: Datentransfer aus den Muster-UPD Lehm in die Datenbank Ökobaudat).

H. Schroeder · M. Lemke (✉)
Dachverband Lehm e. V., Weimar, Deutschland

F. Zohlen und K. Pistol (Hrsg.), *Baustoffrecycling & Lehmbaustoffe*,
https://doi.org/10.1007/978-3-658-45640-5_3

Die Darstellung ausgewählter Ergebnisse beider Projektteile war Gegenstand von zwei Vorträgen auf dem Symposium „Baustoffrecycling & Lehmbaustoffe" am 26.08.2022 an der FH Potsdam. Die beiden Vorträge wurden für diesen Tagungsband zu einem Beitrag zusammengefasst.

3.2 Lehmbauprodukte – aktueller Stand der Normung/UPD

Die Betrachtung von Lehmbauprodukten im Baustoffkreislauf nach DIN EN 15804 erfordert zunächst einen Überblick über die aktuelle Vorschriftensituation (Tab. 3.1). Derzeit liegen vier DIN Produktnormen mit entsprechenden Muster-UPD/PKR für die Produktkategorien Lehmputzmörtel (LPM), Lehmmauermörtel (LMM), Lehmsteine (LS) und Lehmplatten (LP) vor. Sie bilden die Grundlage für die Definition der in einer UPD zu untersuchenden Produktkategorie (PKR). Darüber hinaus steht eine DIN für tragendes Lehmsteinmauerwerk (LSM) als Ausführungsnorm vor der Einführung.

Die Dokumente „Allgemeine Hinweise für die Erstellung von Ökobilanzen für PKR und Projektberichten (Teil 2)" sowie „Allgemeine Programmanleitungen (Basis-

Tab. 3.1 Vorschriften für Lehmbauprodukte in Deutschland

Nr	Bezeichnung	DIN[2]	PKR	UPD	Weitere Dokumente
1	Lehmsteinmauerwerk (LSM)[1]	18940: 2023-03			
2	Bezeichnungen	18942-1:2018:12			
3	Konformität	18942-100:2018-12			
4	Lehmsteine (LS)	18945:2018-12	2022-12	2022-12	
5	Lehmmauermörtel (LMM)	18946:2018-12	2022-12	2022-12	
6	Lehmputzmörtel (LPM)	18947:2018-12	2022-12	2022-12	
7	Lehmplatten (LP)	18948:2018-12	2022-12	2022-12	
8	Teil 2			2022-12	
9	Basisdokument			2022-12	
10	Anforderungen an Lehmputz als Bauteil				2014-06, TM DVL 01
11	Qualitätsüberwachung von Baulehm				2011-06, TM DVL 05
12	Lehmdünnlagenbeschichtungen				2015-06, TM DVL 06

[1]LSM Verarbeitungsnorm/Bauteilebene [2]für die DIN 18942, 18945-48 ist eine Aktualisierung in 2023 zu erwarten

dokument)“ wurden auf Basis der DIN EN 15804/DIN EN ISO 14025 erarbeitet und bilden für den DVL die Grundlage für seine Tätigkeit als UPD-Programmbetreiber.

Darüber hinaus liegen Technische Merkblätter TM DVL vor, die weiterführende, in den DIN nicht behandelte Aspekte berücksichtigen.

PKR/UPD sind freiwillige Normen, Selbstverpflichtungen oder Garantien von Herstellern, Verbänden oder Gütegemeinschaften zur systematischen, umfassenden Beschreibung der Umweltleistung/Nachhaltigkeit von Bauprodukten (aus Lehm), dokumentiert durch ein von Dritten (dem Programmbetreiber DVL) vergebenes Zertifikat.

Vorstufe der UPD ist die Ökobilanz, ein nach DIN EN ISO 14040/DIN EN ISO 14025/DIN EN 15804 genormtes Verfahren zur Beurteilung der Stoffflüsse eines Produktsystems auf der Grundlage einheitlicher Regeln für eine spezifische Produktkategorie (PKR) (engl.: PCR), z. B. LPM. Die Sachbilanz als Bestandteil der Ökobilanz quantifiziert die Stoffflüsse eines gegebenen Produktsystems (Modellierung Lebenszyklus/Flussbild).

3.3 Lehm im Baustoffkreislauf

UPD folgen dem Baustoffkreislauf „von der Wiege bis zur Wiege/Deponie“ in Form von Sektoren/Informationsmodulen IM, für die jeweils die aufgewendeten Ressourcen den entsprechenden Umweltwirkungen gegenübergestellt werden (Abb. 3.1). Das

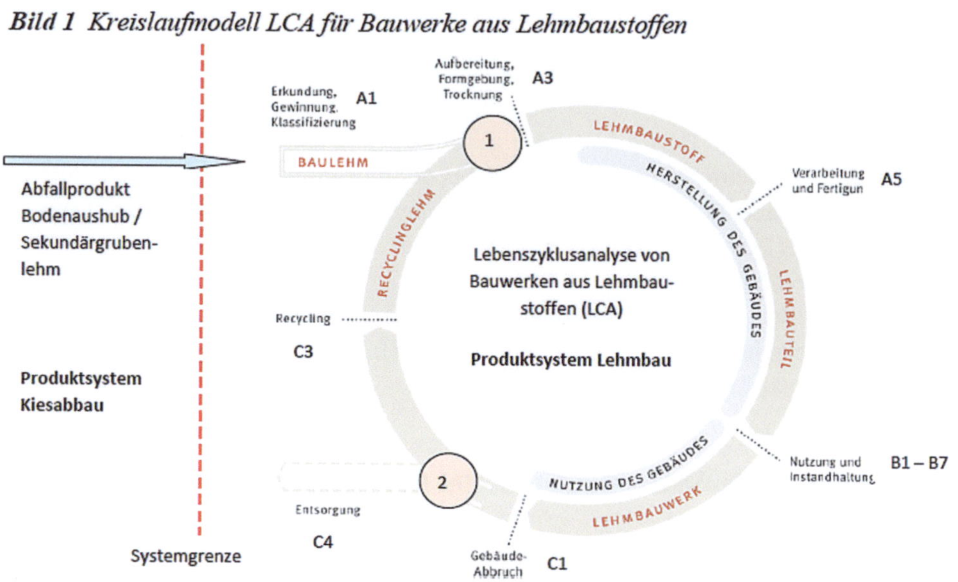

Abb. 3.1 Kreislaufmodell LCA für Bauwerke aus Lehmbaustoffen

Kreislaufmodell wird auch als „Lebenszyklusanalyse“ (engl. Life Cycle Assessment LCA) bezeichnet.

Der Lehm-Stoffkreislauf in einem Bauwerk umfasst folgende Abschnitte (Informationsmodule IM):

1. Erkundung/Gewinnung/Klassifizierung = Bereitstellung (A1)
2. Aufbereitung/Formgebung/Trocknung (A3)
3. Verarbeitung/Fertigung (A5)
4. Nutzung/Instandhaltung (B1 – B7)
5. Gebäudeabbruch/Recycling/Entsorgung (C1 – C4)
6. Rückgewinnung als Baulehm (D, A1)

In einer Ökobilanz werden für die einzelnen Abschnitte die aufgewendeten Ressourcen den entsprechenden Umweltwirkungen gegenübergestellt. Im Idealfall schließt sich der Kreis mit Recyclinglehm als Ausgangsstoff für Baulehm zur Herstellung „neuer“ Lehmbaustoffe.

Dem Startpunkt 1 („Wiege“) und dem Endpunkt 2 („Wiege/Deponie“) des Stoffkreislaufes wurden im Lehmbau bisher wenig Aufmerksamkeit gewidmet.

Das „linearisierte“ Kreislaufmodell führt zu einem Bilanzierungsschema nach DIN EN 15804 mit den IM A1 bis D in tabellarischer Form (Abb. 3.1). Dabei bilden die IM A1 – A3 die Baustoff-/Produktebene, die IM A4, A5, B1 bis B7 die Gebäudeebene.

Da DIN bisher nur für Lehmbauprodukte vorliegen, wurde für das DVL-Projekt der entsprechende UPD-Typ „von der Wiege bis zum Werkstor mit Optionen“ festgelegt (markierter Bereich, IM A1–A3). Für alle UPD-Typen nach DIN EN 15804 ist inzwischen die Betrachtung der Entsorgungsphase C1–C4 und des Recyclingpotenzials D verpflichtend. In den IM C1–C3 werden die erforderlichen Ressourcen mit den entsprechenden Umweltwirkungen für die Rückgewinnung eines Lehmbauproduktes als Inputfaktoren ermittelt. IM C4 behandelt die Entsorgung auf einer Baustoffdeponie. Im IM D werden die Netto-Outputs des Recyclings der rückgewonnenen Sekundärstoffe mit den substituierbaren Primärstoffen zur Herstellung eines Lehmbauproduktes bewertet. Ein ökologischer „Gewinn“ wird dann erzielt, wenn die Substitution des Ressourcenverbrauchs und der damit verbundenen Umweltwirkungen der Herstellungsphase (A1–A3) größer ist, als der Ressourcenverbrauch und die Umweltwirkungen für den Gebäudeabriss/die Aufbereitung von Recyclinglehm (C1–C3), mit dem Primärstoffe ersetzt werden sollen/können. (Siehe Abb. 3.2)

3.3.1 Bereitstellung des Baulehms (IM A1)

Der Startpunkt (Wiege) und der Endpunkt (Wiege/Deponie) im Kreislauf des Produktsystems „Lehm“ sind „Weggabeln“ und bestimmend für dessen In- und Outputflüsse (Abb. 3.1).

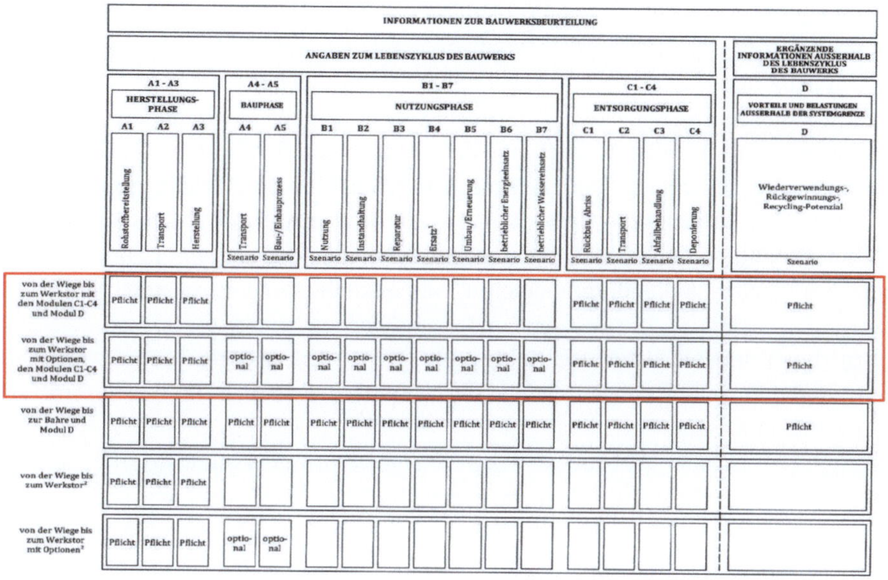

Abb. 3.2 Bilanzierungsschema LCA nach DIN EN 15804

Der Startpunkt „1“ (Wiege) erfordert eine Präzisierung des Begriffes „Baulehm“. Die Bereitstellung von Baulehm (IM A1) kann in Form von vier verschiedenen baustofflichen Kategorien erfolgen (Abb. 3.3): Grubenlehm (Bodenaushub), Trockenlehm, Recyclinglehm und Presslehm.

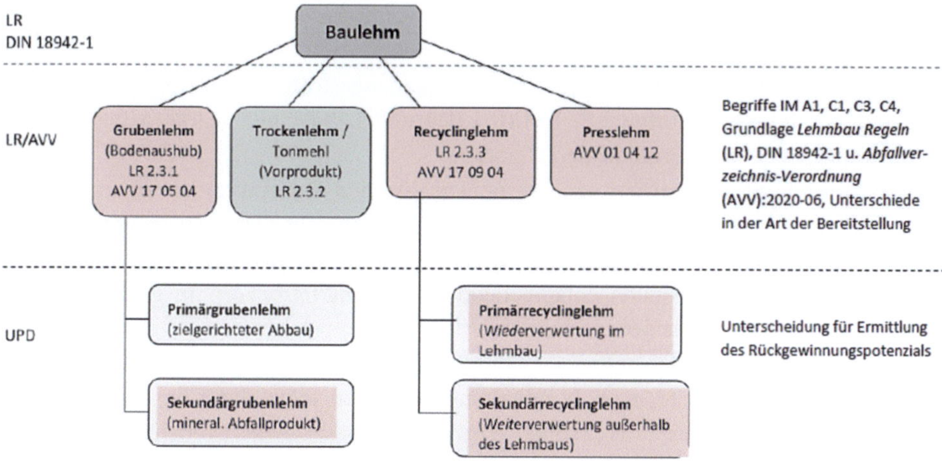

Abb. 3.3 Bereitstellung von Baulehm, Begriffe

Grubenlehm (Bodenaushub) ist ein Rohstoff, wenn er zielgerichtet für die Herstellung von Lehmbaustoffen abgebaut wird. Alle abbaubedingten Aufwände/Umweltwirkungen werden dem aktuellen Produktsystem zugerechnet. Der Baulehm wird in diesem Fall als Primärgrubenlehm bezeichnet. Sekundärgrubenlehm ist ein aus einem anderen Produktsystem „importierter" Abfallstoff, z. B. aus dem Kiesabbau, der bei Überschreitung der Systemgrenze „Kiesgewinnung" zum Ausgangsstoff/Baulehm im Produktsystem „Lehmbaustoff" wird. Der Aufwand/die Umweltwirkungen für den Abbau werden dann dem ursprünglichen Produktsystem „Kies" zugerechnet. Eine ganze Reihe von Lehm-Produktherstellern verwendet „Sekundärgrubenlehm" als Baulehm und verbessert damit ihre Ökobilanz.

Trockenlehm/Tonmehl sind Vorprodukte, die „graue" Energie aus Vorprozessen mit entsprechenden Umweltwirkungen beinhalten, die dem aktuellen Produktsystem zugerechnet werden müssen.

Recyclinglehm ist aus Gebäudeabbruch rückgewonnener Lehmbaustoff, der bei Wiederverwertung im Lehmbau als Primärrecyclinglehm bezeichnet wird. Sekundärrecyclinglehm ist aus Gebäudeabbruch rückgewonnener Lehmbaustoff, der außerhalb des Lehmbaus weiterverwertet wird.

Presslehm ist ein bei der Kieswäsche anfallendes Abfallprodukt in Form von Waschschlamm der Korngruppen Mittelsand – Ton (d< 0,4 mm, DIN EN ISO 17892-4), der zunächst in Schlammteichen aufgefangen wird. Eine Weiterverwendung von (entwässertem) Presslehm für die Herstellung von LS ist belegt. Der Waschschlamm darf keine chemischen „Anti"-Flockungsmittel enthalten.

3.3.2 Herstellungsverfahren und Ausgangsstoffe (IM A3)

Tab. 3.2 zeigt eine Übersicht der derzeit nach DIN 18945–48 möglichen (□) bzw. von den Herstellern im Projekt „UPD Lehm.1/2" verwendeten (■) Zusatzstoffe/Zusatzmittel zum Baulehm.

Tab. 3.3 zeigt beispielhaft Masseanteile der Ausgangsstoffe in den Rezepturen für die bilanzierten Produktkategorien LS, LMM, LPM und LP. Es gibt starke Abweichungen der Masseanteile je nach Produkt und Hersteller.

Alle Ausgangsstoffe werden nach firmenspezifischen Rezepturen in einem Arbeitsgang „Mischen" zu einer homogenen Arbeitsmasse vermischt. Bei Lehmmörteln (LMM, LPM) kann dies je nach Wassergehalt der Ausgangsstoffe „erdfeucht" oder „trocken" geschehen. LMM/LPM können entsprechend „erdfeucht"/„trocken" in geeigneten Verpackungen an die Baustelle geliefert werden.

Der Formgebungsprozess geformter Lehmbauprodukte (LS, LP) erfordert immer eine „feuchte" Arbeitsmasse. Je nach Formgebungsverfahren kann die Konsistenzform der Arbeitsmasse von „halbfest" bis „breiig" schwanken. Diese „Arbeitsfeuchte" muss durch Freiluft-/technische Trocknung wieder aus den Produkten entfernt werden. Geformte

Tab. 3.2 Zusatzstoffe/Zusatzmittel für die Herstellung von Lehmbauprodukten nach DIN 18945–48

Nr	Zusatzstoff/Lehmbauprodukt	LS	LMM	LPM	LP
1	Natürliche Gesteinskörnung (Sand 0/2)	□	■	■	■
2*	Primärgrubenlehm	■	□	□	□
3*	Sekundärgrubenlehm	□	■	■	□
4*	Trockenlehm/Tonmehl	□	□	■	□
5*	Primärrecyclinglehm	□	□	□	□
6	Ziegelmehl/-splitt aus mörtelfreiem Ziegeln	□	□	□	□
7	Thermisch geblähte Produkte (Blähton etc.)	□	□	□	□
8	Pflanzenfasern/Stroh	□	□	□	■
9	Tierhaar	□	□	□	□
10	Holzspäne/Sägemehl, chemisch unbehandelt	■	■	■	■
11	Anorganische Pigmente	□	□	□	□
12	Pflanzliche Farbstoffe	□	□	□	□
13	Wasserlösliche stabilisierte Zusatzmittel < 1M.-% (z. B. Stärke, Methylzellulose)	□	□	□	■

* Die Zeilen Nr. 2 bis 5 bilden die verschiedenen Kategorien des Baulehms nach Bild 3

Tab. 3.3 Masseanteile der Ausgangsstoffe in den Rezepturen der bilanzierten Produktkategorien

Ausgangsstoff	Beispielhafte Rezepturen [M.-%]					
	LS AK Ia	LS AK Ib	LMM 1,4	LMM 1,8	LP	LPM
Baulehm	90	100	70	60	87	43
–Sekundärgrubenlehm			70	60	16	43
–Primärgrubenlehm	90	100			71	
Gesteinskörnung			20	40		57
Pflanzenteile					1	10
Holzspäne	10		10		12	

Lehmbauprodukte sind nur im trockenen Zustand verarbeitbar. Technische Trocknungsprozesse verschlechtern die Ökobilanz von Lehmbauprodukten.

Tab. 3.4 zeigt eine Übersicht der derzeit nach DIN 18945 und 18948 möglichen (□) bzw. von den Herstellern im Projekt „UPD Lehm.1/2“ angewendeten (■) Formgebungsverfahren für Lehmbauprodukte, die von den entsprechenden UPD erfasst werden.

In Deutschland werden Lehmsteine LS nach den Formgebungsverfahren „formgeschlagen (f)“, „formgepresst (p)“ und „stranggepresst (s)“ hergestellt. Für das Verfahren „stranggepresst“ standen im Rahmen dieses Projektes jedoch keine Herstellerdaten zur Verfügung.

Tab. 3.4 Formgebungsverfahren für die Herstellung von Lehmbauprodukten nach DIN 18945 und 18948

Nr	Formgebungsverfahren/Lehmbauprodukt	Konsistenzform Arbeitsmasse	LS	LP
1	Formgeschlagen (patzen)	steif – weich	■	
2	Formgepresst	halbfest – steif	■	■
3	Formgestampft	halbfest – steif	□	□
4	Stranggepresst	steif – weich	□	□
5	Streichen	breiig		■

Entsprechend der bereit gestellten Herstellerdaten wurden für die Ökobilanz zwei LS berücksichtigt:

- „formgeschlagen/gepatzt", Rohdichteklasse 1,2 (Leichtlehmstein LLS), Anwendungsklasse AK Ia,
- „formgepresst", Rohdichteklasse 1,8 (Lehmstein LS), AK Ib.

In Deutschland werden Lehmplatten LP nach den Formgebungsverfahren „formgepresst", „stranggepresst" und „streichen/bandgestrichen" hergestellt. Für die Bilanzierung im Rahmen dieses Projektes standen nur Herstellerdaten für das Formgebungsverfahren „formgepresst" zur Verfügung.

3.3.3 Trocknung (IM A3)

Nicht geformte Lehmbauprodukte (LMM, LPM) werden als „erdfeuchte" Mischungen (in Big bags) oder technisch getrocknet (in 20 kg Kraftpapiersäcken/Silos) an die Baustelle geliefert. Für die technische Trocknung haben die Hersteller spezifische Lösungen entwickelt.

Trocknungsprozesse von geformten Lehmbauprodukten nach Abschluss des Formgebungsprozesses können durch Freiluft- oder technische Trocknung realisiert werden. Im Projekt „UPD Lehm.1/2" wurden die beiden bilanzierten LS technisch (LS 1,8/AK Ib) bzw. unter Freiluftbedingungen (LLS 1,2/AK Ia) getrocknet. In den Tab. 3.5 und 3.6 werden beispielhaft für beide Verfahren die Outputfaktoren nach DIN EN 15804 in Form einer Informationstransfermatrix (ITM) nach DIN EN 15942 dargestellt.

Der Leitparameter GWP (CO_2-Äquivalent)/kg LS zeigt folgende Entwicklung:

Freilufttrocknung: LLS 1,2/AK Ia: Summe IM A1 – A3: -1,10E-01 $CO_{2\text{-äquiv.}}$
Technische Trocknung: LS 1,8/AK Ib: Summe IM A1 – A3: 5,52E-02 $CO_{2\text{-äquiv.}}$

Der LLS 1,2/Freilufttrocknung weist (auch) dank seines Faserstoffanteils (Holzspäne, 10 M.-%) sogar einen negativen Wert -1,10E-01 $CO_{2\text{-äquiv.}}$ (CO_2-„Senke") aus. Dagegen

Tab. 3.5 Output-Parameter 1 kg LS 1,8/technische Trocknung

LS AK Ib nach DIN 18945, technische Trocknung												
Deklaration der Umweltparameter, abgeleitet aus der LCA										Ergänzende Parameter		
Darstellung gemäß DIN EN 15942 Anhang A Muster ITM												
Funktionale Einheit kg		Parameter	GWP	ODP	AP	EP	POCP	ADPE	ADPF	GWP Prozess (fossil)	GWP (biogen)	GWP LuL
		IM/Einheit	kg CO_2 äquiv	kg CFC-11 äquiv	kg SO_2 äquiv	kg PO_4^{3-} äquiv	kg C_2H_4 äquiv	kg Sb äquiv	MJ H_u äquiv	kg CO_2 äquiv	kg CO_2 äquiv	kg CO_2 äquiv
Produktstadium	Ausgangsstoffe	A1	2,93E-03	5,38E-10	2,24E-05	5,58E-06	3,85E-06	1,00E-09	4,22E-02	2,93E-04	0,00E+00	2,64E-03
	Transport zum Werk	A2	0,00E+00	0,00E+00	0,00E+00	0,00E+00	0,00E+00	0,00E+00	0,00E+00	0,00E+00	0,00E+00	0,00E+00
	Herstellung	A3	5,23E-02	2,88E-12	2,71E-05	4,59E-06	4,05E-06	3,07E-06	8,69E-01	5,23E-02	0,00E+00	0,00E+00
	Summe (des Produktstadiums)	Gesamt	5,52E-02	5,41E-10	4,95E-05	1,02E-05	7,90E-06	3,08E-06	9,11E-01	5,26E-02	0,00E+00	2,64E-03
Baustadium	Transport	A4	MNR--	MNR--	MNR--	MNR--	MNR--	MNR--	MNR--	MNR--	MNR--	MNR--
	Montageprozess	A5	MB	MB	MB	MB	MB	MB	MB	MB	MB	MB
Nutzungsstadium	Nutzung	B1	MB	MB	MB	MB	MB	MB	MB	MB	MB	MB
	Instandhaltung	B2	MB	Wi	MB	MB	MB	MB	MB	MB	MB	MB
	Reparatur	B3	MB	MB	MB	MB	MB	MB	MB	MB	MB	MB
	Ersatz	B4	MB	MB	MB	MB	MB	MB	MB	MB	MB	MB
	Erneuerung	B5	MB	MB	MB	MB	MB	MB	MB	MB	MB	MB
	Betriebliche Energienutzung	B6	MNR--	MNR--	MNR--	MNR--	MNR--	MNR--	MNR--	MNR--	MNR--	MNR--
	Betriebliche Wassernutzun	B7	MNR--	MNR--	MNR--	MNR--	MNR--	MNR--	MNR--	MNR--	MNR--	MNR--
Entsorgungs-stadium	Rückbau, Abriss	C1	3,81E-05	1,76E-14	1,40E-07	9,41E-09	2,39E-08	1,06E-08	4,25E-03	3,81E-05	0	0
	Transport	C2	MNR--	MNR--	MNR--	MNR--	MNR--	MNR--	MNR--	MNR--	MNR--	MNR--
	Abfallaufbereitung, trocken	C3	1,47E-04	6,81E-14	5,43E-07	3,64E-08	9,25E-08	4,11E-08	1,64E-02	1,47E-04	0,00E+00	0,00E+00
Rückgewinnungs-potenziale	Wiederverwendung LS alt	D1	-5,52E-02	-5,41E-10	-4,95E-05	-1,02E-05	-7,90E-06	-3,08E-06	-9,11E-01	-5,26E-02	0,00E+00	-2,64E-03
	Wiederverwertung LS neu	D2	-2,93E-03	-5,38E-10	-2,24E-05	-5,58E-06	-3,85E-06	-1,00E-09	-4,22E-02	-2,93E-04	0,00E+00	-2,64E-03
	Wiederverwertung Trockendosierverfahren	D3	-7,64E-02	-1,10E-02	-1,10E-02	-1,10E-02	-7,64E-02	-1,10E-02	-5,82E-01	-7,64E-02	0,00E+00	0,00E+00

erzeugt die technische Trocknung des LS 1,8 mit einem Wert von 5,52E-02 $CO_{2\text{-äquiv.}}$ einen deutlich höheren CO_2-Ausstoß.

Tab. 3.7 zeigt eine Übersicht der im Projekt „UPD Lehm.1/2“ bilanzierten Lehmbauprodukte bzgl. ihres Feuchtestatus bzw. Trocknungsverfahrens. Alle bilanzierten LP werden technisch getrocknet.

3.3.4 Rückbau und Recycling (IM C1/C3)

Der Endpunkt „2“ des Baustoffkreislaufes „Lehm“ (Abb. 3.1) erfordert eine Entscheidung: Recycling oder Deponie. Für den Begriff „Recycling Lehmbauprodukte“ wurde im abgeschlossenen Projekt das in Abb. 3.4 dargestellte Schema entwickelt.

Lehmbauprodukte können sowohl als ungeformte (Lehmmörtel, Lehmschüttungen) als auch als geformte (LS, LP) Lehmbaustoffe verarbeitet werden. Sie sind tonmineralgebunden, d. h. aus Gebäudeabbruch rückgewonnene trockene Lehmbaustoffe können durch Wasserzugabe replastifiziert werden. Das erforderliche Bindemittel „Tonminerale“ für Formgebungsprozesse oder die Verarbeitung ist bereits/immer noch im Recyclinglehm enthalten. Anders bei gebrannten, zement- oder gipsgebundenen Rückbaustoffen: hier ist die Zugabe als aufbereitete Gesteinskörnung zu einer Mischung nur mit „neuem“ Bindemittel und damit entsprechendem Ressourcenverbrauch möglich. Die Option „Replastifizierung“ ist ein Alleinstellungsmerkmal von Lehmbauprodukten, ausgenommen zement-/kalkstabilisierte Lehmbaustoffe.

Das in Abb 3.4 dargestellte Schema des Recyclings von Lehmbauprodukten unterscheidet zwischen Produkt- und Materialrecycling. Beim *Produktrecycling* wird die

Tab. 3.6 Output-Parameter 1 kg LLS 1,2/Freilufttrocknung

LLS AK Ia nach DIN 18945, Freilufttrocknung												
Deklaration der Umweltparameter, abgeleitet aus der LCA Darstellung gemäß DIN EN 15942 Anhang A Muster ITM										Ergänzende Parameter		
Funktionale Einheit kg		Parameter	GWP	ODP	AP	EP	POCP	ADPE	ADPF	GWP Prozess (fossil)	GWP (biogen)	GWP LuL
		IM/Einheit	kg CO_2 äquiv	kg CFC-11 äquiv	kg SO_2 äquiv	kg PO_4^{3-} äquiv	kg C_2H_4 äquiv	kg Sb äquiv	MJ H_u äquiv	kg CO_2 äquiv	kg CO_2 äquiv	kg CO_2 äquiv
Produktstadium	Ausgangsstoffe	A1	-1,10E-01	1,69E-09	3,86E-05	7,55E-06	5,69E-06	9,04E-10	3,80E-02	1,11E-02	-1,21E-01	1,20E-04
	Transport zum Werk	A2	6,40E-06	1,01E-15	1,17E-08	2,73E-09	3,36E-09	5,43E-10	6,89E-05	6,40E-06	0,00E+00	0,00E+00
	Herstellung	A3	3,67E-05	2,88E-12	6,28E-08	2,52E-08	1,56E-07	1,76E-10	3,81E-04	3,67E-05	0,00E+00	0,00E+00
	Summe (des Produktstadiums)	Gesamt	-1,10E-01	1,70E-09	3,86E-05	7,58E-06	5,85E-06	1,62E-09	3,85E-02	1,11E-02	-1,21E-01	1,20E-04
Baustadium	Transport	A4	MNR--	MNR--	MNR--	MNR--	MNR--	MNR--	MNR--	MNR--	MNR--	MNR--
	Montageprozess	A5	MB	MB	MB	MB	MB	MB	MB	MB	MB	MB
Nutzungsstadium	Nutzung	B1	MB	MB	MB	MB	MB	MB	MB	MB	MB	MB
	Instandhaltung	B2	MB	Wi	MB	MB	MB	MB	MB	MB	MB	MB
	Reparatur	B3	MB	MB	MB	MB	MB	MB	MB	MB	MB	MB
	Ersatz	B4	MB	MB	MB	MB	MB	MB	MB	MB	MB	MB
	Erneuerung	B5	MB	MB	MB	MB	MB	MB	MB	MB	MB	MB
	Betriebliche Energienutzun	B6	MNR--	MNR--	MNR--	MNR--	MNR--	MNR--	MNR--	MNR--	MNR--	MNR--
	Betriebliche Wassernutzun	B7	MNR--	MNR--	MNR--	MNR--	MNR--	MNR--	MNR--	MNR--	MNR--	MNR--
Entsorgungs-stadium	Rückbau, Abriss	C1	3,81E-05	1,76E-14	1,40E-07	9,41E-09	2,39E-08	1,06E-08	4,25E-03	3,81E-05	0	0
	Transport	C2	MNR--	MNR--	MNR--	MNR--	MNR--	MNR--	MNR--	MNR--	MNR--	MNR--
	Abfallaufbereitung, trocken	C3	1,47E-04	6,81E-14	5,43E-07	3,64E-08	9,25E-08	4,11E-08	1,64E-02	1,47E-04	0,00E+00	0,00E+00
Rückgewinnungs-potenziale	Wiederverwendung LS alt	D1	-1,15E-02	-1,70E-09	-3,86E-05	-7,58E-06	-5,85E-06	-1,62E-09	-3,85E-02	-1,14E-02	0,00E+00	-1,20E-04
	Wiederverwertung LS neu	D2	-1,12E-02	-1,69E-09	-3,86E-05	-7,55E-06	-5,69E-06	-9,04E-10	-3,80E-02	-2,88E-02	0,00E+00	1,76E-02
	Wiederverwertung Trockendosierverfahren	D3	-7,73E-02	-9,90E-03	-9,95E-03	-9,91E-03	-9,94E-03	-9,90E-03	-5,24E-01	-7,72E-02	0,00E+00	-1,20E-04

GWP Globales Erwärmungspotenzial
ODP Abbaupotenzial der stratosphärischen Ozonschicht
AP Versauerungspotenzial von Boden und Wasser
EP Eutrophierungspotenzial
POCP Potenzial hinsichtlich der Bildung von troposphärischem Ozon
ADPE Potenzial für den abiotischen Ressourcenabbau - Elemente für nicht fossile Ressourcen
ADPF Potenzial für den abiotischen Ressourcenabbau - fossile Brennstoffe
MB Modul beschrieben
MND Modul nicht deklariert
MNR Modul nicht relevant

Tab. 3.7 Trocknungsverfahren für die bilanzierten Lehmbauprodukte

Nr	Lehmmauermörtel LMM	Lehmputzmörtel LPM	Lehmsteine LS	Lehmplatten LP
1	LMM 1,8 Erdfeucht ohne Trocknung	LPM A Erdfeucht ohne Trocknung	LLS AK Ia Freilufttrocknung	LP, formgepresst Techn. Trocknung: wärmegeführtes Gas- BHKW
2	LMM 1,4 Nachtrocknung erdfeuchter Mischung	LPM B1 – B3 Nachtrocknung erdfeuchter Mischung (Energie/solar), vorgetrocknete Ausgangsstoffe (Trockendosierverfahren)	LS AK Ib Technische Trocknung	LP, stranggepresst Techn. Trocknung: gasbetriebene Trockentunnel

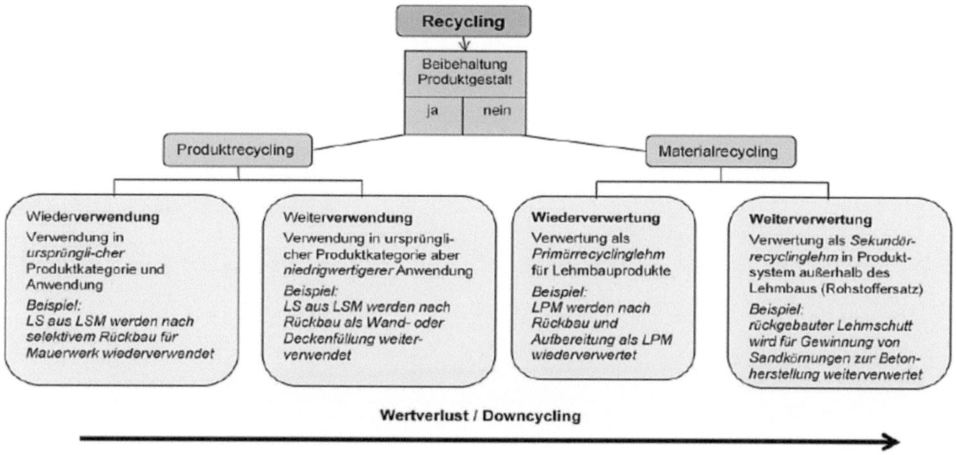

Abb. 3.4 Recycling von Lehmbauprodukten, Übersicht

ursprüngliche Produktgestalt beibehalten, was bei selektivem Gebäudeabbruch möglich ist. Einige Herstellerfirmen nehmen bereits „gebrauchte“ LP zurück und führen diese einer Wiederverwendung (in ursprünglicher Produktkategorie) zu. Ähnliches ist bei LS möglich. Diese können auch in ursprünglicher Produktkategorie für andere (meist niedrig wertigere) Anwendungen weiterverwendet werden, z. B. Deckenfüllungen.

Beim *Materialrecycling* wird die ursprüngliche Produktgestalt aufgelöst. Dies gilt für die Lehmmörtel LMM und LPM, aber auch für Stampflehm. Lehmsteinmauerwerk LSM bildet einen Verbund aus LS, LMM und ggf. LPM, welcher (derzeit) nach Gebäudeabbruch meist nicht sortenrein getrennt werden kann. Technische Voraussetzungen und betriebswirtschaftliche Entscheidungen führen i. d. R. zur mechanischen Zerkleinerung des Lehmabbruchs in Prallmühlen zu körnigem Lehm-Rezyklat und dessen Wiederverwertung als „Ersatz“ von (energieintensivem) Trockenlehm oder Primärstoffen für die Herstellung neuer Lehmbauprodukte, unabhängig von der ursprünglichen Produktkategorie.

Bei einer Weiterverwertung der Lehmbaustoffe verlassen diese den Stoffkreislauf Lehm für eine Verwertung außerhalb des Lehmbaus, z. B. als Auffüllung im Landschafts-/Gartenbau.

Mit den vier Recyclingstufen „Wiederverwendung“ bis „Weiterverwertung“ ist ein „Wert“verlust des ursprünglichen Lehmbauproduktes verbunden (Downcycling).

Den Berechnungen der Ökobilanzen im abgeschlossenen Projektliegen folgende Annahmen zugrunde:

Abbruch/Rückbau (IM C1):
Abbruchbagger Liebherr, 0,1 l Diesel/t Abbruchmaterial (geschätzt)
Aufbereitung/Recycling (IM C3):

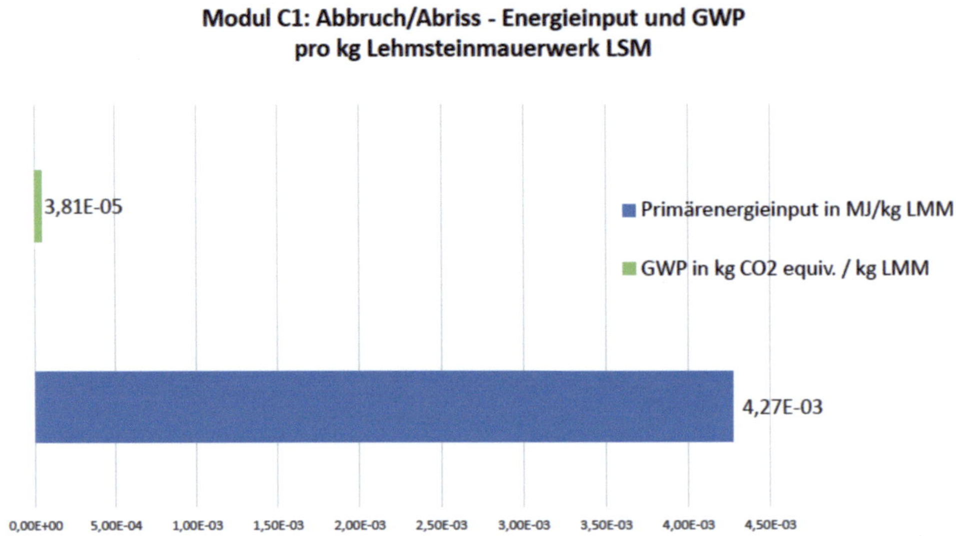

Abb. 3.5 Energieinput und GWP für Gebäudeabriss pro kg LSM

- Einsumpfen (Replastifizierung ohne zusätzlichen Energieaufwand)
- mechanische Zerkleinerung, trocken (Prallbrecher, mobil/stationär, (optional mit Windsichter), 0,27 l Diesel/t Abbruchmaterial (geschätzt). Abb. 3.5 zeigt den Energieinput und die damit verbundenen Umweltwirkungen (GWP, CO2-Ausstoß) für den Abriss von 1 kg Lehmsteinmauerwerl LSM.

Der Energieaufwand/GWP für die trockene Aufbereitung von LSM zu rieselfähigem Lehm-Rezyklat ist in Abb. 3.6 dargestellt. Die leichten organischen Zusatzstoffe (Stroh, Holzspäne) werden durch einen Windsichter abgetrennt.

Labortechnische Untersuchungen der FH Potsdam im Rahmen dieses Projektes (Beitrag Pistol u. a. im vorliegenden Tagungsband) bestätigten die Umsetzbarkeit von drei Szenarien D1–D3 für die Rückgewinnung von LS aus aufbereitetem Lehmsteinbruch (IM C3):

IM D1: Wiederverwendung aus Abbruch unbeschädigt rückgewonnener LS für „neues" LSM,
IM D2: Wiederverwertung von zu Lehm-Rezyklat aufbereitetem Lehmsteinbruch (IM C3) für die Herstellung „neuer" LS der gleichen AK,
IM D3: Wiederverwertung von zu Lehm-Rezyklat aufbereitetem Lehmsteinbruch (IM C3) für andere Lehmbaustoffe (z. B. LPM), die mit Trockenlehm hergestellt werden. Dabei wird der energieaufwendige Primärstoff Trockenlehm durch den Sekundärstoff „Lehm-Rezyklat" ersetzt.

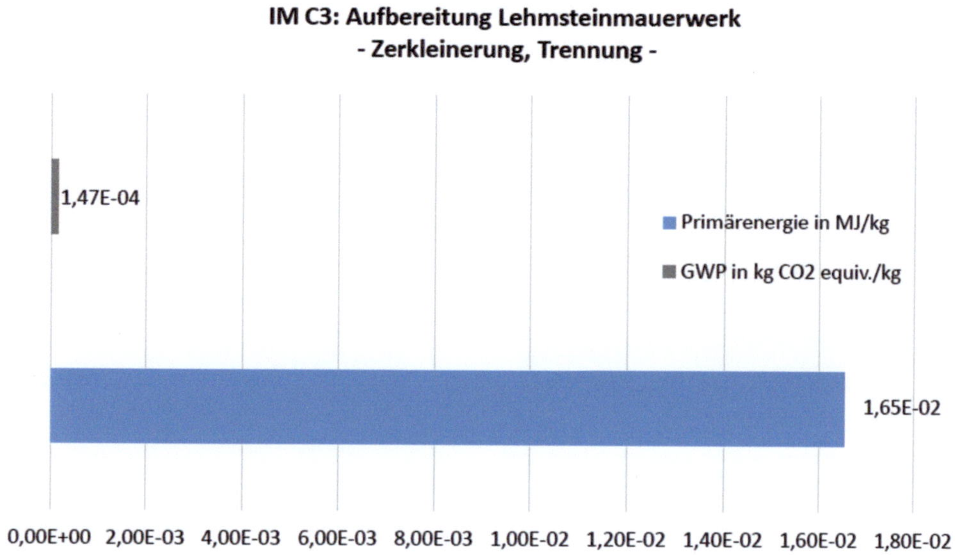

Abb. 3.6 Energieinput/GWP für die Aufbereitung von kg LSM zu Lehm-Rezyklat

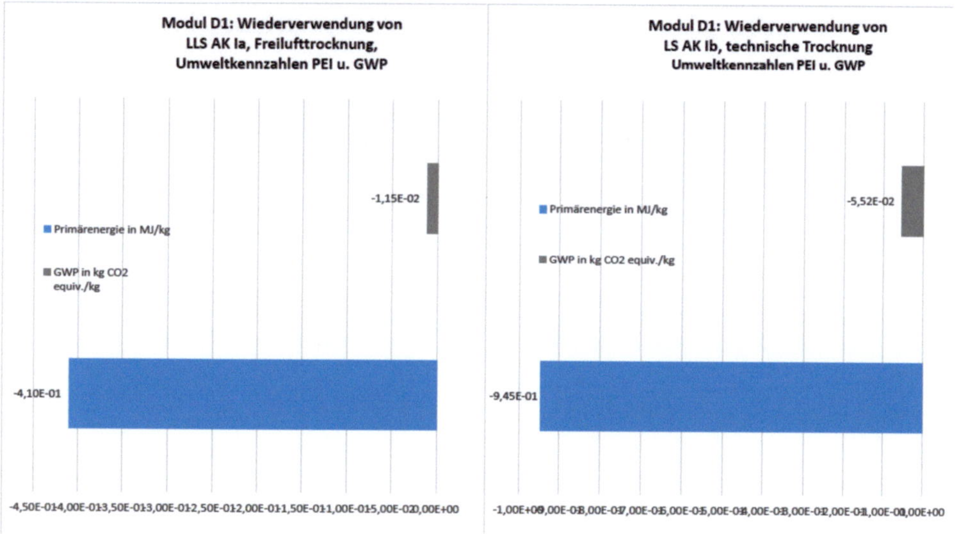

Abb. 3.7 Modul D1: Wiederverwendung von sortenrein rückgewonnenen LS für „neues" LSM

Die nachfolgenden Abb. 3.7, 3.8 und 3.9 zeigen die Umweltkennzahlen Primärenergieinput PEI und CO_2-Ausstoß GWP für die in den Modulen D1 – D3 definierten Szenarien:

Bei Wiederverwendung der entsprechenden rückgewonnenen LS und nach Abzug des Aufwandes für den Abbruch des LSM können die dargestellten „Netto"-Werte für die Kennzahlen PEI u. GWP eingespart werden (IM D1, Abb. 3.7).

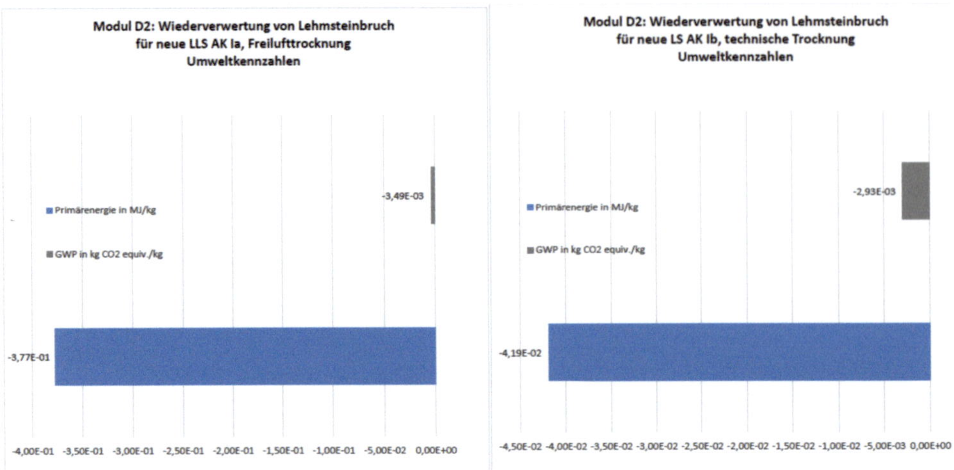

Abb. 3.8 Modul D2: Wiederverwertung von Lehm-Rezyklat zur Herstellung „neuer" LS gleicher AK

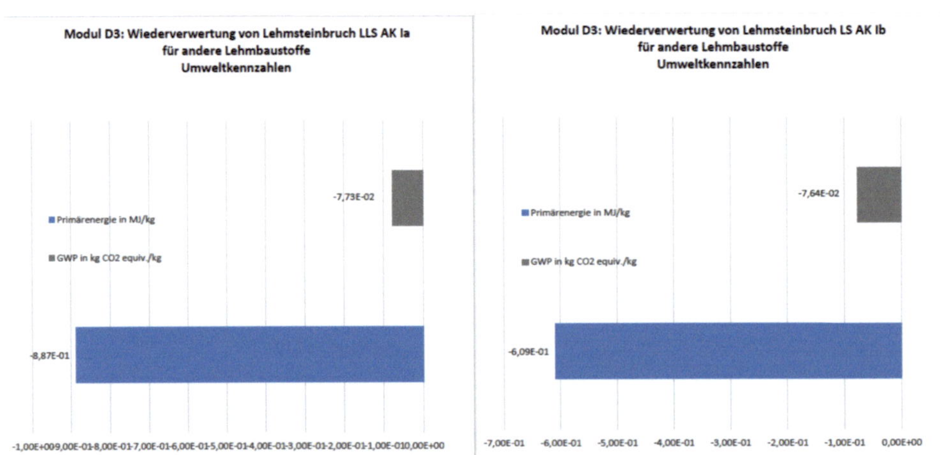

Abb. 3.9 Modul D3: Ersatz von Trockenlehm durch Lehm-Rezyklat für die Herstellung von LPM

Die Wiederverwertung von zu Lehm-Rezyklat aufbereitetem Lehmsteinbruch bei der Herstellung „neuer" LS ersetzt sonst erforderlichen energieaufwendigen Trockenlehm. Damit werden für die Parameter PEI u. GWP die dargestellten „Netto"-Werte eingespart (IM D2, Abb. 3.8).

Zu Lehm-Rezyklat aufbereiteter Lehmsteinbruch kann auch als sonst erforderlicher Trockenlehm für die Herstellung anderer als die ursprünglichen Baustoffe wiederverwertet werden, hier: LPM. Dadurch können für die dargestellten Parameter PEI u.

GWP entsprechende Einsparungen in der angegebenen Größe erzielt werden (IM D3, Abb. 3.9).

3.3.5 Deponierung (IM C4)

Wenn aus technischen oder betriebswirtschaftlichen Gründen ein Recycling von aus Gebäudeabbruch rückgewonnenen Lehmbaustoffen nicht möglich ist, steht als „end of life"-Szenario die Deponie zur Verfügung. Die Lehmbauprodukte verlassen den Stoffkreislauf und werden als „Abfall" deponiert/entsorgt (Endpunkt „2", Abb. 3.1). Aufgrund ihres chemisch neutralen, inerten Verhaltens können sie gemäß Deponieverordnung (DepV) als unbelasteter „Erdaushub" oder „Bauschutt" auf Deponien der Klasse 0 eingelagert werden.

Für die Klassifizierung von Abfällen (aus Gebäudeabbruch) in Form von Schlüsselnummern ist die Europäische Abfallverzeichnis-Verordnung (AVV) maßgebend. Die Suche nach Lehmabfallstoffen im System der AVV erweist sich dabei als „Suche nach der Nadel im Heuhaufen." (Tab. 3.8). Obwohl vorhanden, werden in der Kategorie „Bauschutt" keine Lehm-Baustoffabfälle explizit ausgewiesen. Tonmineral-gebundene LS, LMM, LPM werden nicht von keramischen und zement-/kalkgebundenen Baustoffabfällen getrennt. Bei sortenreiner Deponierung besteht hier ein Rückgewinnungs-/Vermarktungspotenzial für Recyclinglehm. Dazu sind abfalltechnologische und betriebswirtschaftliche Untersuchungen erforderlich.

Baustoffdeponien von heute sind die Rohstoffquellen von morgen. Eine möglichst sortenreine Trennung des zu deponierenden Bauabbruchs würde ein späteres Auffinden gesuchter Abfallkategorien erleichtern. In der AVV gibt es derzeit für Lehmbauprodukte

Tab. 3.8 Mögliche Abfallgruppen für lehmhaltige Bauabfälle

Nr	Begriff	Erläuterung AVV	AVV-Nr
1	Erd-/Bodenaushub	Aus dem Baugrund zum Zwecke von Baumaßnahmen ausgehobene Erde (Sand, Lehm, Ton)	17 05 04
2	Bauschutt	Mineral. Abfall, der bei Abbrucharbeiten/Baumaßnahmen anfällt (Ziegelsteine, Mauerwerk, Beton, Mörtel, Putz, Keramik etc.)	17 01 01, 17 02 02, 17 01 03, 17 01 07
3	Baumischabfall	Gemisch aus nicht mineral. Stoffen u. geringen Mengen mineral. Abfälle (< 15 Vol.-%)	17 09 04
4	Abfälle Bergbau	Abfälle aus der … Weiterverarbeitung v. nicht metallhaltigen Bodenschätzen/Abfälle v. Ton u. Sand	01 04 09
5	Kies-Waschschlamm	Spülgemische aus Kieswäsche, d < 0,4 mm	01 04 12

(noch) keine „eigene“ Schlüsselnummer in der Hauptkategorie 17 „Bau- und Abbruchabfälle“, obwohl im Altbaubestand Deutschlands (vor 1900) ein erheblicher Teil an Lehmbaustoffen in unterschiedlichen Anwendungen vorhanden ist. Die Möglichkeit ihrer Abtrennung aus der Kategorie 17 09 04 „gemischte Bau- und Abbruchabfälle“ sollte aus technischer und betriebswirtschaftlicher Sicht untersucht werden.

„Derzeit sieht die Hauptkategorie 17 Bau- und Abbruchabfälle“ Schlüsselnummern für folgende Abfall-Hauptgruppen vor:

17 01 01 Beton
17 01 02 Ziegel
17 01 03 Fliesen/Keramik.

Die Schlüsselnummern 17 01 04/17 01 05 sind derzeit „frei“. Vorgeschlagen wird deshalb eine „eigene“ AVV-Schlüsselnummer 17 01 04 „Lehm“, unter der Lehmabbruch von „Bauschutt/gemischten Bau- und Abbruchabfällen“ (Klassen 17 01 07/17 09 04) abgetrennt und separat deponiert werden könnte. Die Möglichkeit der späteren Rückkehr in einen Baustoffkreislauf „Lehm“ würde zur Schonung von unbebautem Naturraum und natürlichen Rohstoffen beitragen. Praktische Erfahrungen zu einer solchen Möglichkeit, vor allem unter abfalltechnologischen und betriebswirtschaftlichen Aspekten, sind bisher nicht bekannt. Zunehmender wirtschaftlicher Druck bei der Beschaffung von Rohstoffen wird die Bauwirtschaft aber dazu zwingen, durch bessere Trennung von Bauabfällen auch Lehmbaustoffe aus Bauabfallgemischen zu separieren und (ggf. für eine spätere Weiterverwertung) zu deponieren.

Für den Bereich des Lehmbaus ist die Frage der Deponierung von Lehmabbruch derzeit völliges Neuland. Nachdem durch die Entwicklung von Umweltproduktdeklarationen (UPD) für Lehmbaustoffe Potenziale für die Reduzierung von CO_2-Emissionen erschlossen wurden, wird diese Möglichkeit auch bei einer präziseren stofflichen Trennung von Bauabfallgemischen, insbesondere von Lehmabbruch, vermutet. Dazu bedarf es jedoch des interdisziplinären fachlichen Inputs aus den Bereichen Lehmbau, Abbruch- und Aufbereitungstechnik, Abfallwirtschaft und Verwaltung (Land/Kommune).

Literatur

E DIN 18940:2023-03: Tragendes Lehmsteinmauerwerk – Konstruktion, Bemessung und Ausführung

DIN 18942-1:2018-12: Lehmbaustoffe – Teil 1: Begriffe

DIN 18942-100 :2018-12: Lehmbaustoffe – Teil 100: Konformitätsnachweis

DIN 18945:2018-12: Lehmsteine – Anforderungen, Prüfung und Kennzeichnung

DIN 18946:2018-12: Lehmmauermörtel – Anforderungen, Prüfung und Kennzeichnung

DIN 18947:2018-12: Lehmputzmörtel – Anforderungen, Prüfung und Kennzeichnung

DIN 18948:2018-12: Lehmplatten – Anforderungen, Prüfung und Kennzeichnung

DIN EN 15804:2022-03: Nachhaltigkeit von Bauwerken – Umweltproduktdeklarationen – Grundregeln für die Produktkategorie Bauprodukte

DIN EN 15942:2022-04: Nachhaltigkeit von Bauwerken – Umweltproduktdeklarationen – Kommunikationsformate zwischen den Unternehmen

DIN EN ISO 14025:2011-10: Umweltkennzeichnungen u. -deklarationen – Typ III Umweltdeklarationen; Grundsätze u. Verfahren

DIN EN ISO 14040:2021-02: Umweltmanagement – Ökobilanz – Grundsätze u. Rahmenbedingungen

DIN EN ISO 14044: 2021-02: Umweltmanagement – Ökobilanz –Anforderungen und Anleitungen

4 Experimentelle Untersuchungen zum Rückbau und Recycling von Lehmbaustoffen

Klaus Pistol

4.1 Einleitung

In der europäischen Bauproduktenverordnung [5] werden Grundanforderungen genannt, die von Bauwerken bei normaler Instandhaltung über einen wirtschaftlich angemessenen Zeitraum erfüllt werden müssen. Die Grundanforderungen an Bauwerke umfassen vor allem die Bauwerkssicherheit (z. B. Standsicherheit, Brandschutz), den Gesundheits- und Umweltschutz, den Schall- und Wärmeschutz, aber auch die nachhaltige Nutzung der natürlichen Ressourcen. Das bedeutet, dass Bauwerke so entworfen, errichtet und abgerissen werden müssen, dass seine Baustoffe bzw. Bauteile nach dem Abriss wiederverwendet oder recycelt werden können. Weiterhin müssen für das Bauwerk umweltverträgliche Rohstoffe und Sekundärbaustoffe verwendet werden.

Bereits 2003 hat der damalige Bundesumweltminister Jürgen Trittin im Grußwort zum Tagungsband Moderner Lehmbau [6] auf die diesbezüglichen ökologischen und bauphysikalischen Vorteile von Lehmbaustoffen hingewiesen:

„Mit seiner hohen Fähigkeit zur Wasseraufnahme wirkt er (Lehm [sic]) regulierend auf die Raumluftfeuchtigkeit und sorgt für ein angenehmes Innenraumklima. In der Herstellung ist er sehr energiesparend: Für eine massive Lehmwand wird nur etwa 1 % der Energie benötigt wie für eine vergleichbare Wand aus Ziegeln oder Beton. Nicht zuletzt kann er problemlos und unbegrenzt wiederverwendet oder verwertet werden.“ ([6], S. 8).

Bisher sind jedoch keine systematischen wissenschaftlichen Untersuchungen zur Recycling- bzw. Wiederverwendungsfähigkeit von Lehmbaustoffen durchgeführt worden. Für die Bewertung des Rückgewinnungspotenzials bei Umweltproduktdeklarationen von

K. Pistol (✉)
Fachhochschule Potsdam, Potsdam, Deutschland
E-Mail: klaus.pistol@fh-potsdam.de

F. Zohlen und K. Pistol (Hrsg.), *Baustoffrecycling & Lehmbaustoffe*,
https://doi.org/10.1007/978-3-658-45640-5_4

Abb. 4.1 Ablösen von Lehmputz vom Putzuntergund

Lehmbaustoffen werden quantifizierbare Angaben als Datengrundlage benötigt. Deshalb wurde im Rahmen einer Diplomarbeit [1] untersucht, mit welchen Methoden Lehmputze recycelt werden können und wie sich die Recyclingverfahren auf die Materialeigenschaften der wiederverwendeten Lehmputze auswirken. Die Abb. 4.1 zeigt exemplarisch das einfache händische Ablösen des Lehmputzes vom Putzuntergrund (Lehmplatte mit Jutegewebe). Der untersuchte Lehmputz wurde sowohl im Nassverfahren (Einsumpfen) als auch im Trockenverfahren (Zerkleinern mit Backenbrecher) energiearm recycelt und zur Herstellung von R-Lehmputz (R…Recycling) wiederverwendet. Um den Einfluss der Recyclingverfahren auf die Materialeigenschaften der Lehmputze beschreiben zu können, wurden Biegezug- und Druckfestigkeiten vor und nach dem Recycling an Mörtelprismen (40×40×160 mm) bestimmt. Somit konnte erstmalig nachgewiesen werden, dass die Festigkeit des Lehmputzes durch das Recycling nicht verringert wird. Die Ergebnisse wurden bereits im Mauerwerk-Kalender 2020 von Schroeder und Lemke [7] veröffentlicht, sodass in diesem Beitrag auf eine detaillierte Darstellung der Versuche verzichtet werden kann.

4.2 Untersuchungen zum Recycling von Lehmplatten

Aufgrund der o. g. Ergebnisse zum Recycling von Lehmputz wurde von der Deutschen Bundestiftung Umwelt e. V. (DBU) ein Verbundforschungsprojekt [8] bewilligt, in dem die Fachhochschule Potsdam systematische Untersuchungen zum Rückbau und Recycling von Lehmmauerwerk durchführen sollte. Ein Teilaspekt des Projektes war die Untersuchung des Recyclings von handelsüblichen Lehmplatten, welche im Trockenbau verwendet werden [2]. Ziel der labortechnischen Untersuchungen war die Anwendung der bei Lehmputz entwickelten Nass- und Trockenrecyclingverfahren an Lehmplatten und die Bewertung des Einflusses der Recyclingverfahren auf die Materialeigenschaften der R-Lehmplatten. Beim Nassverfahren (Abb. 4.2) wurden die Lehmplatten (1250 × 625 × 22 mm) in Längsrichtung halbiert und anschließend in einer Mörtelwanne gewässert (Einsumpfen). Nach 24 h Wasserlagerung (Mauken) wurde das überschüssige Wasser entfernt und die entstandene Lehmmasse mit einem elektrischen Handrührgerät gemischt.

Beim Trockenverfahren wurden die Lehmplatten sowohl manuell mit einem Hammer als auch maschinell mit einem Backenbrecher zerkleinert (Abb. 4.3). Da die Zerkleinerung des weichen Plattenlehms mit dem Backenbrecher sehr aufwendig ist,

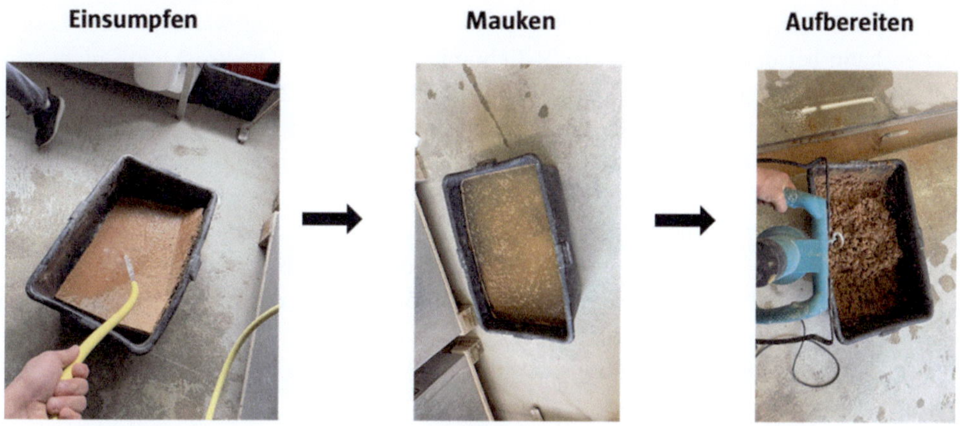

Abb. 4.2 Recycling von Lehmplatten im Nassverfahren

Abb. 4.3 Manuelle und maschinelle Zerkleinerung der Lehmplatte im Trockenverfahren

wurden zusätzlich am IAB – Institut für angewandte Bauforschung Weimar gemeinnützige GmbH verschiedene Aggregate (z. B. große Backenbrecher, Schredder, Walzwerk etc.) für die Eignung zur Zerkleinerung der Lehmplatten getestet. Es hat sich gezeigt, dass ein zweistufiges Zerkleinerungsverfahren (erst Schredder anschließend Walzwerk) bisher die beste Verfahrensweise zu Erzeugung eines homogenen Feinkornmaterials ist.

Zur Herstellung der R-Lehmplatten wurde eine Schalung mit einem Pressstempel verwendet (Abb. 4.4). Nach dem Einfüllen der Lehmmasse in die Schalung wurde die Mischung mit dem Pressstempel verdichtet und anschließend mithilfe eines Stahllineals bündig abgestrichen. Die Abmessungen der R-Lehmplatten betrugen ca. 22 × 280 × 300 mm.

Aufgrund der organischen Bewehrung (Holzfasern und Jutegewebe) in den Lehmplatten kann bei der Herstellung der R-Lehmplatten auf eine Ofentrocknung nicht verzichtet werden, da eine Lufttrocknung bei Raumklima (z. B. 20°C, 65 % r. LF) zu einer Schimmelpilzbildung an den Platten führt. Um den Einfluss der Trocknung auf die Plattenfestigkeit zu bestimmen, wurden deshalb die R-Lehmplatten bei unterschiedlichen Temperaturen (35°C, 50°C, 105°C) im Laborofen getrocknet. Während der Trocknung der Platten wurde regelmäßig die Masseänderung bestimmt, sodass bei Erreichen der Massekonstanz die Trocknung beendet werden konnte. Nach vollständiger Trocknung wurden aus den R-Platten Streifen (ca. 20 × 50 × 250 mm) für die Biegezugprüfung nach DIN 18948 [9] geschnitten. Die Abb. 4.5 zeigt die Anordnung der R-Platten und zusätzlicher Mörtelprismen im Trocknungsofen und die Versuchsanordnung bei der Biegezugprüfung der Plattenstreifen.

Die Ergebnisse der Biegezugprüfung sind in Abb. 4.6 dargestellt. Bei der Interpretation der Ergebnisse muss beachtet werden, dass sich der einfache

Abb. 4.4 Wiederverwendung des Plattenlehms zur Herstellung von R-Lehmplatten

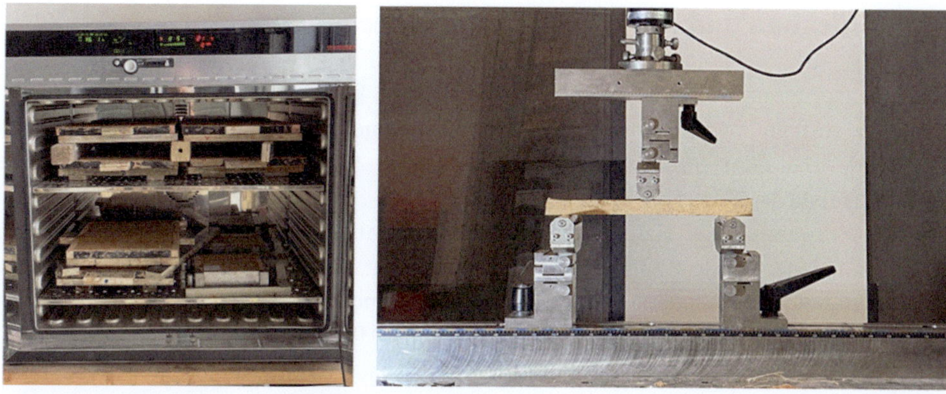

Abb. 4.5 links: Ofentrocknung der R-Lehmplatten. rechts: Biegezugprüfung nach DIN 18948 an einem Plattenstreifen

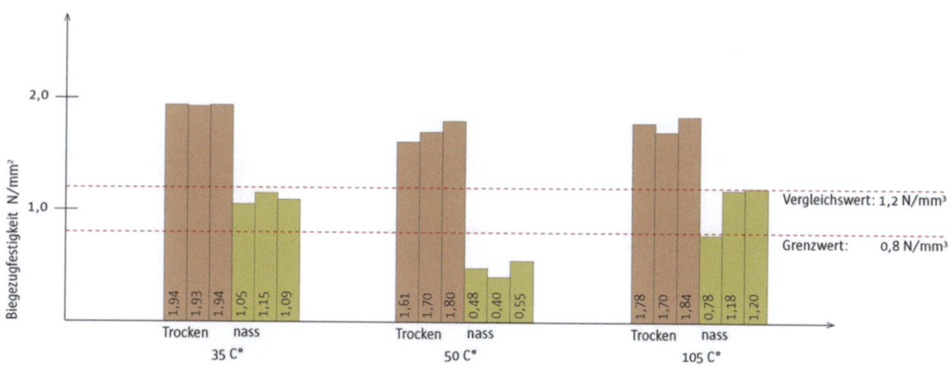

Abb. 4.6 Ergebnisse der Biegezugprüfung nach DIN 18948

Herstellungsprozess der R-Platten von dem tatsächlichen Herstellungsprozess der Ursprungsplatten unterscheidet. Die Ergebnisse können nur den Zusammenhang zwischen Recyclingverfahren, Trocknungsverfahren und der Plattenbiegezugfestigkeit in der Tendenz aufzeigen. Es ist zu erkennen. dass das Trockenrecyclingverfahren zu vergleichsweise hohen Biegezugfestigkeiten unabhängig von der Trocknungstemperatur führt. Die Biegezugfestigkeit der im Trockenverfahren recycelten Platten überschreiten sogar die Biegezugfestigkeit der Ursprungsplatten (Vergleichswert: 1,2 N/mm^2). Die im Nassverfahren recycelten Platten erreichen lediglich bei den Trocknungstemperaturen von 35°C und 105°C die Mindestbiegezugfestigkeit (Grenzwert: 0,8 N/mm^2) aber nicht die Biegezugfestigkeit der Ursprungsplatten. Sehr niedrige Biegezugfestigkeiten wurden bei den im Nassverfahren recycelten Platten, welche bei 50°C getrocknet wurden, gemessen.

4.3 Rückbau und Recycling von Lehmmauerwerk

Das Arbeitsprogramm des von der DBU geförderten Projektes [8] bestand im Wesentlichen im Aufbau zweier Versuchswände aus tragendem und nichttragendem Lehmmauerwerk und dem Rückbau der Versuchswände für anschließende systematische Recyclingversuche. Die Abb. 4.7 zeigt die noch unverputzten Versuchswände, welche in einem Prüfrahmen für Bauteilversuche eingespannt wurden. Für die Errichtung der Massivlehmwand wurden Schwerlehmsteine (Format NF, Rohdichteklasse 2,0) unter Verwendung eines Lehmmauermörtel im Kreuzverband vermauert. Zur Ausfachung der Holz-Ständer-Konstruktion wurden Leichtlehmsteine (Format NF, Rochdichteklasse 1,2) verwendet, welche mit einem Leichtlehmmörtel vermauert wurden.

Die Massivlehmwand und die mit Leichtlehmmauerwerk ausgefachte Holz-Ständer-Konstruktion wurden zweilagig (Lehmunterputz und Lehmoberputz) verputzt, wobei bei der Leichtlehmwand Schilfrohrmatten als Putzträger verwendet wurden. Die fertiggestellten Versuchswände (Abb. 4.8) wurden mithilfe eines pendelnden Stahlträgers abgerissen bzw. zum Einsturz gebracht.

Durch den Abriss der Versuchswände haben sich Schutthaufen aus dem Lehmmauerwerksbruch gebildet. Für die nachfolgenden Recyclingversuche wurde der Mauerwerksbruch vorsortiert und in Bruchgruppen (BG) eingeteilt (Abb. 4.9).

Bei der Aufbereitung und Wiederverwertung von Recyclinglehm wird die Möglichkeit der Replastifizierung trockenen Lehms genutzt. Kern der Recyclingversuche war die systematische experimentelle Erarbeitung von Datengrundlagen zum

Abb. 4.7 Unverputzte Versuchswände aus Lehmmauerwerk, Links: tragendes Massivlehmmauerwerk, Rechts: nichttragendes Leichtlehmmauerwerk als Ausfachung in eine Holz-Ständer-Konstruktion

Abb. 4.8 Fertiggestellte Versuchswände unmittelbar vor dem Rückbau, pendelnder Stahlträger zum Eintrag der mechanischen Energie für den Abriss der Versuchswände

Rückgewinnungspotenzial von Lehmmauermörtel (LMM) und Lehmsteinen (LS) als Bewertungsgrundlage für das Informationsmodul D in Umweltproduktdeklarationen (UPD) dieser DIN-basierten Lehmbaustoffe.

Ausgehend von der Systematik des Rückgewinnungsmoduls D in den Muster-UPDs des DVL [10–12] wurden drei Verwertungswege D1 – D3 definiert:

- Modul D1 bewertet die direkte Wiederverwendung von sortenrein zurückgewonnen, unbeschädigten Lehmprodukten,
- Modul D2 bewertet die Wiederverwertung von aufbereitetem Lehmsteinbruch als Ausgangsstoff für die Herstellung neuer Lehmprodukte der gleichen Kategorie,
- Modul D3 bewertet die Wiederverwertung von aufbereitetem Lehmsteinbruch für andere Lehmbaustoffe, die mit getrocknetem Baulehm (Trockenlehm) hergestellt werden.

Gemäß dieser drei Verwertungswege wurden die nach dem Abriss entstandenen Bruchgruppen unterschiedlichen exemplarischen Recyclingszenarien unterzogen:

- Szenario D1: Wiederverwendung von unbeschädigten Lehmsteinen (BG 1) für neues Lehmmauerwerk
- Szenario D2: Wiederverwertung von aufbereitetem Lehmsteinbruch (BG 2 und BG 3) für die Herstellung neuer Lehmsteine
- Szenario D3: Wiederverwertung von aufbereitetem Lehmsteinbruch (BG 2 und BG 3) für die Herstellung von Lehmmauermörtel oder Lehmputzmörtel

Bruchgruppe	Bezeichnung	Beschreibung
1	A-Waren-Steine, Schwerlehmsteine	Schwerlehmsteine
2	B-Waren-Steine, Schwerlehmsteine	Schwerlehmsteine mit Mörtel- und Putzanhaftungen, Schwerlehmsteinstücke, auch größere Verbundbrocken
3	Schwerlehmbruchrest	vorwiegend Mörtel- und Putzstücke, mit geringen Steinanteilen
4	B-Waren-Steine, Leichtlehmsteine	Leichtlehmsteine mit Mörtel- und Putzanhaftungen, Leichtlehmstücke, auch größere Verbundbrocken
5	Fachwerkwandbruch	Mauerwerksbruch aus Gefache, mit geringem Schilfanteil (ca. 1,5x Gefache mit Putz und etwas Putzträger aus der Fachwerkwand)
6	Rest	alles Übriggebliebene, zusammen in einem BigPack (abzüglich der Hälfte des Fachwerkwandputzes mit Schilfträger)

Abb. 4.9 oben: Schutthaufen nach Abriss der Massivlehmwand, unten: Sortierung von Lehmschutt nach Bruchgruppen

Das Szenario D1 besteht aus der Prüfung der durch den Abriss des Mauerwerks freigelegten mörtelfreien Lehmsteine. Diese Lehmsteine (A-Waren-Steine) konnten durch einfache händische Sortierung aus dem Schutthaufen entnommen und für eine Wiederverwendung gestapelt werden (Abb. 4.10).

Durch die Prüfung der Druckfestigkeit nach DIN 18945 der A-Waren-Lehmsteine wird untersucht, ob die Lehmsteine durch den Abriss geschädigt wurden oder ob die Druckfestigkeit der Steine mit den ursprünglichen nichtvermauerten Lehmsteinen identisch ist (Abb. 4.11).

Beim Szenario D2 wurden die Lehmsteine der BG 2 (B-Waren-Steine) zerkleinert und 24 h in Wasser gelagert. Anschließend wurde die Lehmmasse mit einem Handrührgerät zu einer geeigneten Konsistenz für die Lehmsteinherstellung gemischt (Abb. 4.12).

Abb. 4.10 Gestapelte rückgebaute Lehmsteine und Teilung der Steine für die Druckfestigkeitsprüfung nach DIN 18945

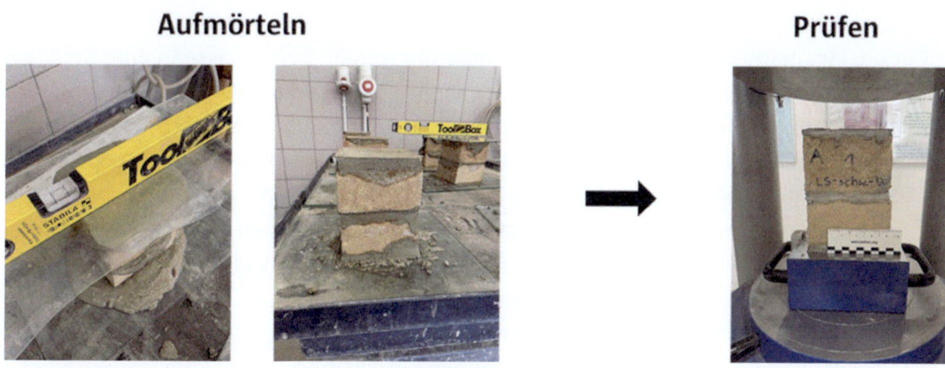

Abb. 4.11 Vorbereitung der Prüfkörper für die Druckfestigkeitsprüfung nach DIN 18945

Abb. 4.12 Recycling der zerkleinerten Lehmsteine im Nassverfahren

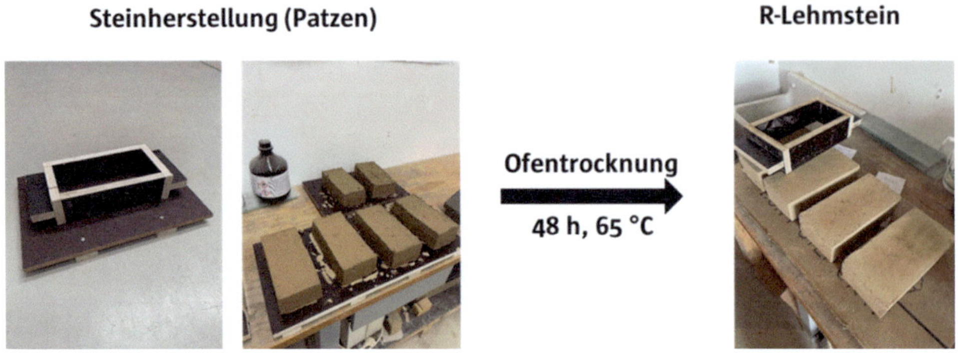

Abb. 4.13 Herstellung der R-Lehmsteine mit dem Patzverfahren

Für die Herstellung der R-Lehmsteine wurde die weiche Lehmmasse in eine Schalung geworfen (Patzen) und mit der Form bündig abgezogen. Die ausgeschalten Lehmsteine wurden für weitere 48 h in einem Ofen bei 65°C getrocknet (Abb. 4.13). Die fertigen Lehmsteine wurden dann ebenfalls nach DIN 18945 auf ihre Druckfestigkeit geprüft.

Die Vorgehensweise des Recyclingverfahren im Szenario D3 ist identisch mit dem Verfahren im Szenario D2. Der Unterschied zwischen beiden Szenarien besteht lediglich darin, dass im Szenario D3 statt R-Lehmsteinen die für die Mörtelprüfung (Biegezug- und Druckfestigkeit) üblichen Mörtelprismen (40 × 40 × 160 mm) aus dem aufbereiteten Lehmsteinbruch hergestellt wurden (Abb. 4.14).

Die Ergebnisse der Druckfestigkeitsprüfungen der jeweiligen Recyclingszenarien sind in Abb. 4.15 zusammengestellt. Auch hier konnte erwartungsgemäß bestätigt werden, dass sich die Recyclingverfahren nicht negativ auf die Druckfestigkeit der Recyclingprodukte auswirken. Die etwas erhöhten Werte der Druckfestigkeit der wiederverwendeten Lehmsteine (D1) gegenüber den unverbauten Lehmsteinen ist signifikant. Bevor dieser kleine Effekt jedoch kausal erklärt werden kann, müssten weitere Versuche mit einer hohen Anzahl an Prüfkörpern durchgeführt werden, damit dieser Effekt statistisch abgesichert werden kann. Eine mögliche Erklärung für die erhöhte Druckfestigkeit nach dem Recycling wäre die bekannte Auswirkung des Patzverfahrens auf die Ausrichtung der festigkeitsbildenden plättchen artigen Tonminerale.

4.4 Zusammenfassende Schlussfolgerungen

Die in dem Beitrag vorgestellten Untersuchungsergebnisse zum Rückbau und Recycling von Lehmbaustoffen zeigen, dass die Anforderungen an Bauwerke zur Wiederverwendungs- bzw. Recyclingfähigkeit und zur Umweltverträglichkeit seiner Baustoffe in hohem Maße von Lehmbaustoffen erfüllt werden können. Keramische Baustoffe (z. B. Ziegel) und Beton können i. d. R. nur durch Zerkleinerung und Sortierung aufbereitet

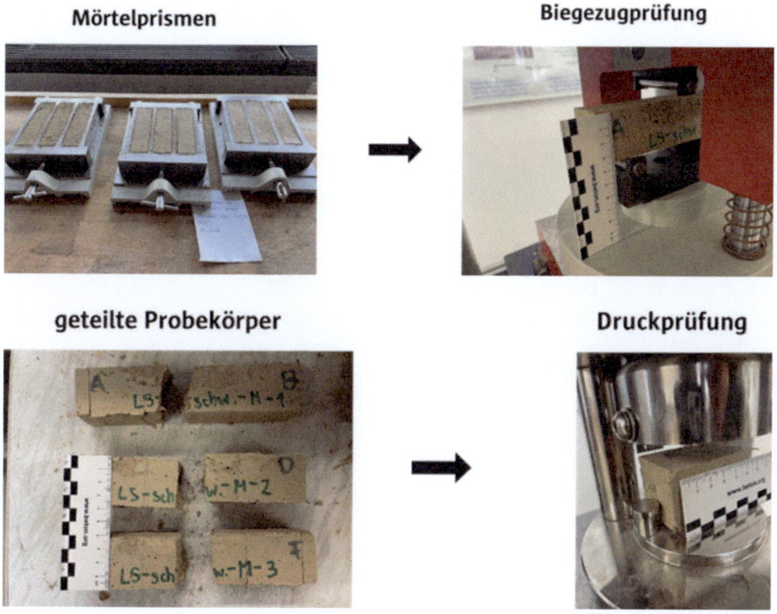

Abb. 4.14 Biegezug- und Druckfestigkeitsprüfung an aus recycelten Lehmsteinen hergestellten Mörtelprismen

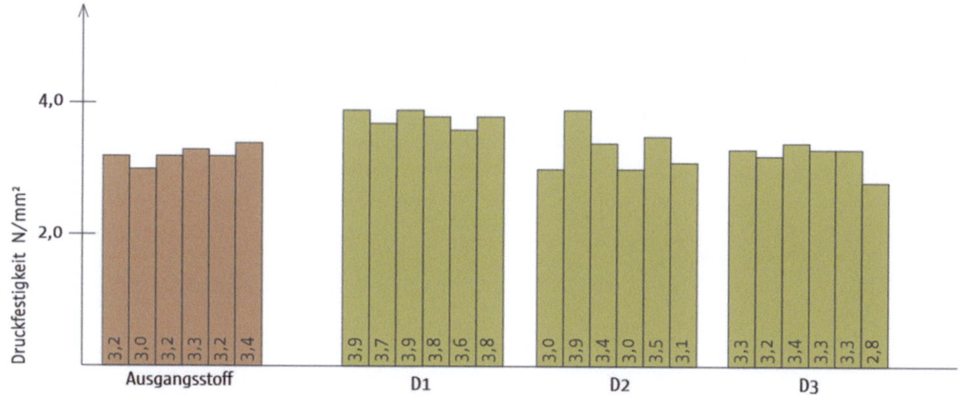

Abb. 4.15 Ergebnisse der Druckfestigkeitsprüfungen der Recyclingszenarien

und weiterverwendet bzw. -verwertet werden. Dagegen kann Lehmmauerwerk so rückgebaut werden, dass sowohl eine Wiederverwendung der ungeschädigten Lehmsteine als auch eine Wiederverwertung des Lehmmauerwerkbruchs für die Herstellung von R-Lehmsteinen oder R-Lehmmauermörtel realisiert werden kann. Die Möglichkeit des Nassverfahrens (Einsumpfen) zum Recycling von Lehmbaustoffen stellt eine einzigartige energiearme Aufbereitungstechnologie für den Massivbau dar. Diese Erkenntnis soll dazu beitragen, dem Baustoff Lehm einen zunehmend größeren Anwendungsbereich zu verschaffen.

Literatur

1. Sommerfeld, M.: Umweltproduktdeklaration von Lehmbaustoffen – Ermittlung des Rückgewinnungspotenzials, Diplomarbeit, FH Potsdam, 2019.
2. Dawod, B.: Experimentelle Versuche zur Wiederherstellung von Lehmplatten, Bachelorarbeit, FH Potsdam, 2022.
3. George, J.: Festigkeitsorientierte Wiederverwendungs- und Recyclingexperimente an verbauten und nicht verbauten Lehmbauprodukten, Diplomarbeit, FH Potsdam, 2023.
4. DIN EN 15804: Nachhaltigkeit von Bauwerken – Umweltproduktdeklarationen – Grundregeln für die Produktkategorie Bauprodukte, 03-2022.
5. Bauproduktenverordnung: Verordnung (EU) Nr. 305/2011 des europäischen Parlaments und des Rates vom 9. März 2011 zur Festlegung harmonisierter Bedingungen für die Vermarktung von Bauprodukten und zur Aufhebung der Richtlinie 89/106/EWG des Rates, 2011.
6. Steingass, P. (Hrsg.): Moderner Lehmbau, Tagungsband zur 4. Internationalen Fachtagung und Ausstellung vom 24. bis 26. Okt. 2003 im Umweltforum Berlin, Fraunhofer IRB Verlag, 2003.
7. Schroeder, H. und Lemke, M.: Ökologische Bilanzierung für Lehmbaustoffe, in: Jäger, W. (Hrsg.): Mauerwerk-Kalender 2020: Schwerpunkte: Bauen im Bestand, Befestigungen, Lehmmauerwerk, 2020.
8. Lemke, M. et al.: Erarbeitung von Datengrundlagen und Muster-Umweltproduktdeklarationen für Lehmmauermörtel, Lehmsteine und Lehmplatten unter besonderer Berücksichtigung der Möglichkeiten des Recyclings, Abschlussbericht zum Kooperationsvorhaben, gefördert durch die Deutsche Bundesstiftung Umwelt, 2022.
9. DIN 18948: Lehmplatten – Anforderungen, Prüfung und Kennzeichnung, 12-2018.
10. Muster-UPD: Lehmsteine nach DIN 18945, Dachverband Lehm e. V., 2023.
11. Muster-UPD: Lehmmauermörtel nach DIN 18946, Dachverband Lehm e. V., 2023.
12. Muster-UPD: Lehmputzmörtel nach DIN 18947, Dachverband Lehm e. V., 2023.
13. DIN 18945: Lehmsteine – Anforderungen, Prüfung und Kennzeichnung, 12-2018.

Datensätze zu Lehmbauprodukten in der „Ökobaudat“ 5

Maximilian Rentz und Jens-Uwe Schulz

5.1 Die Ökobaudat

Umweltbilanzierung von Bauprojekten findet in Deutschland meistens auf Basis der Ökobaudat statt. In dieser findet sich jedoch nur ein Datensatz in Bezug auf Lehmprodukte, welcher zumal falsch deklariert ist und keine Rückschlüsse auf die Datenquelle zulässt. Heute gewinnt Lehm als nachhaltiger Baustoff erneut an Bedeutung, jedoch sind keine verlässlichen Quellen für Umweltproduktdeklarationsdaten verfügbar. In diesem Bericht wird die Erstellung eines Datensatzes, welcher mit dem in der Umweltbilanzierung und der Ökobaudat kompatibel ist erläutert.

Die Ökobaudat ist eine vom Bundesministerium für Wohnen, Stadtentwicklung und Bauwesen (BMWSB) veröffentlichte Internet-Datenbank von UPDs von Bauprodukten, wie auch UPDs zu Rohprodukten und Bauabläufen. Die Daten sind Kostenfrei zugänglich, die Verantwortung für die Inhalte verbleibt beim Herausgeber. Die Datensätze werden vor ihrer Veröffentlichung durch das BMWSB und unabhängige Stellen geprüft. Alle UPDs müssen konform mit den Normen DIN EN 15804 sein, wie auch für die Veröffentlichung in ein kompatibles Datenformat gebracht werden. Die in der Ökobaudat enthaltenen sind für zugelassen für die Verwendung mit dem Bewertungssystem Nachhaltiges Bauen (BNB). Darüber hinaus bietet die Ökobaudat Daten-Schnittstellen an um UPDs zu ex- wie auch zu importieren. (Ökobaudat 2022)

M. Rentz (✉) · J.-U. Schulz
Technische Hochschule Ostwestfalen-Lippe University of Applied Sciences and Arts, Lemgo, Deutschland
E-Mail: maximilian.rentz@th-owl.de

F. Zohlen und K. Pistol (Hrsg.), *Baustoffrecycling & Lehmbaustoffe*,
https://doi.org/10.1007/978-3-658-45640-5_5

Die eingesetzten Umweltproduktdeklarationen enthalten Angaben zu Ökobilanzkennwerten, wie CO_2Äquivalent, Wasserverbrauch, Energieverbrauch, wie auch zum Lebenszyklus eines Stoffes und seinen Emissionen durch Transport. Sie werden meist durch Baustoffhersteller, durch Prüfstellen oder Industrieverbänden angefertigt und von unabhängigen Experten verifiziert. Umweltproduktdeklarationen werden durch DIN EN ISO 14025 definiert, bei Bauprodukten handelt es sich um eine Typ-III-Definition. Die Grundregeln für UPDs von Bauprodukten wird in Deutschland über die Norm DIN EN 15804 seit 2011 definiert. Sie bieten die Informationsgrundlage für die Ökobilanzierung von Gebäuden und Bauprojekten. Auf Englisch werden sie auch als Enviromental Product Declaration, kurz EPD bezeichnet. Anwendung finden sie durch Architekten und Bauplaner, um die Umweltbilanzierung von Bauprojekten zu erstellen. (ibp Frauenhofer Institut für Bauphysik 2022) Umweltproduktdeklarationen werden sowohl in kostenfreien wie auch in kostenpflichtigen Datenbanken, wie der Ökobaudat oder ecoinvent veröffentlicht. Die Verantwortung verbleibt jedoch beim Herausgeber der UPD.

5.1.1 Fehler in der Ökobaudat

Um die Ökobilanzierung ihrer Gebäude zu ermitteln, greifen die meisten Architekten und Bauplaner in Deutschland auf die Ökobaudat zurück. Die darin enthaltenen Datensätze für Lehmprodukte sind falsch benannt und decken nicht das Spektrum der auf dem deutschen Markt erhältlichen und zugelassenen Bauprodukte aus Lehm ab (Abb. 5.1) (DIN 2018). In keinem der Datensätze wird darauf eingegangen, dass Lehmbaustoffe auf dem Markt üblicherweise in erdfeuchter, getrockneter, oder trockendosierter Form angeboten werden (Conluto 2022) (Claytec 2022). Die Trocknungsvorgänge von Lehmprodukten mit Erdöl zur Wärmegewinnung, wie im Datensatz „Lehmpulver“ angegeben

Datensätze (Gesamtanzahl: 5 von 1022) (Seite 1 von 1)

Kategorienbrowser anzeigen

Filter zurücksetzen

Name	Verfügb. Sprachen	Kategorie	Land / Region	Gültig bis	Datensatztyp	Eigentümer
Lehm	auswi	Suche...	auswi	auswi	auswählen	Suche...
Lehmbauplatte (Dicke 0,02 m)	en de	1.3.17 Mineralische Baustoffe / Steine und Elemente / Lehmsteine	DE	2022	generic dataset	thinkstep
Lehmpulver	en de	1.1.04 Mineralische Baustoffe / Bindemittel / Lehm	DE	2022	generic dataset	thinkstep
Lehmputz	en de	1.4.04 Mineralische Baustoffe / Mörtel und Beton / Putz und Putzmörtel	DE	2022	generic dataset	thinkstep
Lehmstein	en de	1.3.17 Mineralische Baustoffe / Steine und Elemente / Lehmsteine	DE	2022	generic dataset	thinkstep
Stampflehmwand	en de	1.3.17 Mineralische Baustoffe / Steine und Elemente / Lehmsteine	DE	2022	generic dataset	thinkstep

1 20

Abb. 5.1 Überblick über vorhandene Datensätze zu Lehmprodukten in der Ökobaudat

ist, sind nicht mehr zeitgemäß (thinkstep 2019)[1]. Vielmehr wird heutzutage auf die Trocknung mit Biogas oder Flüssiggas gesetzt, bei einigen Herstellern kommen auch Holzhackschnitzel zum Einsatz oder es wird auf passive Trocknung in einem gewächshausähnlichen Gebäude gesetzt (Lemke 2018). Daher können die bereitgestellten Daten bislang allenfalls als eine grobe Orientierung für Lehmbaustoffe darstellen. In Grenzübergreifenden Datenbanken wie der ecoinvent (Version 3.8) gibt es bloß Angaben zu Abbauprozessen von Lehm (et al. 2007). In der in Österreich verwandten Datenbank für Umweltproduktdeklarationen baubook.at hingegen gibt es mehrere von Herstellern von Lehmbaustoffen herausgegebene UPDs (baubook.at 2022).

Durch den Dachverband Lehm e. V. werden in Deutschland seit 2016 in Zusammenarbeit mit Herstellern von Lehmbaustoffen gemeinsam Daten für eine Muster Umweltproduktdeklaration erhoben. In dieser werden die Umweltauswirkungen und Emissionen von Lehmputzmörtel (LPM) in vier Verfahrensarten, dem Erdfeuchtverfahren, der Nachtrocknung, der Vortrocknung und der Solartrocknung erhoben. Ausgestellt wurde die UPD am 23.10.2018. Seitdem werden durch den Dachverband Lehm e. V. kontinuierlich neue Umweltproduktdeklarationen für verschiedene Lehmbaustoffe entwickelt. Des Weiteren wurden Produktkategorieregeln, kurz PKR, veröffentlicht, wie auch wird eine Allgemeine Programmanleitung angeboten. Der Dachverband Lehm e. V. tritt als Programmbetreiber auf, wodurch Herstellern von Lehmbaustoffen ermöglicht wird ihre UPDs nach den Regeln des Dachverband Lehm e. V. zertifizieren zu lassen (Dachverband Lehm, UPD Produktkategorieregeln › Wissen › Dachverband Lehm e. V. 2018), (Dachverband Lehm 2018). Die UPDs des Dachverband Lehms sind jedoch bisher nur als Dokument verfügbar und nicht in der Ökobaudat gelistet.

Aus diesem Grund wurde durch die Technische Hochschule Ostwestfalen-Lippe in einem vom DBU geförderten Projekt gemeinsam mit dem Dachverband Lehm e. V. nach einer Möglichkeit gesucht die ermittelten Projektergebnisse in ein mit der Ökobaudat kompatiblen Dateiformat zu bringen.

5.2 Grundsätze für Aufnahme in die Ökobaudat

Grundlegend werden die Umweltproduktdeklarationsdaten in vier Kategorien unterteilt:

- Kategorie A: Gemäß DIN EN 15804 verifizierte Umweltproduktdeklarationen, welche im Programmbetrieb und den Regeln gemäß DIN EN ISO 14025 verfasst sind. Programmanleitung und Produktkategorieregeln, englisch product category rules, kurz PCR, müssen gemäß DIN EN ISO 14025 verfasst worden und öffentlich einsehbar sein.

[1] Trockenlehmpulver nach (Teubner 2009)

- Kategorie B: Unterteilt in Verifizierte UPD welche in Bezug auf DIN EN 15804 erstellt wurden (B1) oder Ökobilanzdaten mit externer Prüfung angelehnt an DIN EN 15804 (B2), aber im Programmbetrieb nicht der DIN EN ISO 14025 entsprechen.
- Kategorie C: Umweltproduktdeklarationen oder Ökobilanzdaten welche nach DIN EN 15804 erstellt wurden, aber keiner verifizierten oder kritischen Prüfung unterzogen wurden. Darunter werden generische Daten gefasst, welche als Ersatzdaten durch die Ökobaudat aufgenommen werden, wenn keine spezifischen Datensätze zur Verfügung stehen. Sie wurden vom BMI / BBSR in Auftrag gegeben und wurden von einer zentralen Stelle nach DIN EN ISO 15804 erstellt, wurden jedoch nur qualitätsgeprüft, nicht von dritten Experten verifiziert. Andere Datensätze dieser Kategorie werden durch die Ökobaudat nicht aufgenommen.
- Kategorie D: UPDs oder Ökobilanzdaten welche nicht gemäß der DIN EN ISO 15804 erstellt wurden. Datensätze dieser Art werden durch die Ökobaudat nicht angenommen.

Der Datensatztyp des Datensatzes ist bei der Erstellung zwingend anzugeben, wobei die Datensatzkategorie ein ausschlagendes Aufnahmekriterium ist und nicht im Datensatz angegeben wird. Stattdessen ist diese bei der Beantragung auf Aufnahme in die Ökobaudat anzugeben.

Für die in der Ökobaudat zur Aufnahme zugelassenen Datenkategorien A, B1 und B2 müssen für die Aufnahme über die grundlegenden Anforderungen hinaus weitere Anforderungen erfüllt werden. Da es ist bei der Umweltproduktdeklaration des Dachverband Lehm e. V. um eine Muster UPD der Kategorie A mit einem eigenen Programmbetrieb gemäß DIN EN ISO 14025 handelt, wird nur auf die spezifischen Anforderungen der ebenjenen eingegangen.

Die konkreten Bedingungen und Voraussetzungen der Ökobaudat zur Aufnahme einer Umweltproduktdeklaration in die Ökobaudat sind zu umfangreich um sie alle in diesem Bericht im Detail zu erläutern. Sie sind in dem Dokument (Bundesinstitut für Bau- 2021, S. 10–20) und in den Tabellen in der Annexe (Bundesinstitut für Bau- 2021, S. 22–26) nachgeschlagen werden. Auf die für die UPD des Dachverband Lehm e. V. relevanten wurde eingegangen.

Die Umweltproduktdeklaration für Lehmputzmörtel des Dachverband Lehm e. V. und die dazugehörigen Dokumente wurden nach den Richtlinien der dazugehörigen Normen entwickelt und erfüllen somit die Voraussetzungen der Punkte 1. – 4. Der Punkt 5. ist auch durch die UPD erfüllt.

5.3 Methoden

Die Muster Umweltproduktdeklaration für Lehmputzmörtel ist bisher nur als eine PDF auf der Internetseite des Dachverband Lehm e. V. verfügbar. Um Kompatibilität mit der Ökobaudat und anderen Datenbanken und Programmen zur Umweltbilanzierung zu erlangen muss die UPD in ein mit dem ILCD+EPD kompatiblen Datenformat gebracht werden (WG Indata 2019, S. 2). Darüber hinaus müssen sie Kompatibel mit der CPEN-2018 aufweisen (WG Indata 2019, S. 3). Beide Begriffe werden im folgenden erläutert.

5.3.1 ILCD Datenformat

Das ILCD ist eine von der Generaldirektion Umwelt der Europäischen Union (DG ENV) und die Gemeinsame Forschungsstelle der EU (JRC) seit 2005 bestehende Initiative um Leitsätze und Standards für höhere Qualitätsstandards bei der Anwendung von Umweltbilanzierung. Dafür wurden von 2010 bis 2012 Dokumentationen herausgegeben, in welchen Methoden und Standards zur Umweltbilanzierung entwickelt wurden (Europäische Kommission 2012). In 2010 wurde das Dokument „International Reference Life Cycle Data System (ILCD) – Documentation of LCA data sets“ veröffentlicht, in welchem das ILCD Datenformat definiert wird (Sustainability 2010). In diesem werden die Grundlagen und Voraussetzungen des Datenformats definiert, welches in XML Schema Definition, kurz XDS, strukturiert wird.

ILCD kompatible Dateien müssen Datenfelder für unter anderem Namen, Angaben zu Referenzflüssen, Referenzjahr, Gültigkeitsdauer, Geographischer Einordnung und den eigentlichen Umweltauswirkungen haben. Auch Administrative Informationen und Interne Daten wie die Universally Unique Identifier, welche jeder Datei einen einzigartigen 16-byte-Hexadezimalen Bezeichner gibt (Europäische Kommission 2012, S. 9–29). Einige der Datenbankfelder müssen dabei verpflichtend ausgefüllt werden. Dem Autor der Datei steht jedoch frei auch zusätzliche Datenbankfelder hinzuzufügen oder nicht als verpflichtend markierte Datenbankfelder herauszulassen um die Umweltauswirkungen des Produktes detaillierter darzustellen oder um weitere Prozessinformationen bekanntzugeben. In der Ökobilanzierung wird das Referenzflusskonzept angewandt. Dabei enthält jeder Datensatz einer Umweltproduktdeklaration eigentlich zwei Datensätze, dem Produktdatensatz, welcher das eigentliche Produkt beschreibt (englisch process dataset) und dem Produktflussdatensatzes des referenzierten Produktes, ‚Fluss-Datensatz‘ (englisch flow dataset). Jedem UPD-Datensatzes ist dabei immer ein Referenzflussdatensatz zugeordnet, wohingegen mit einem Referenzflussdatensatz mehrere UPD-Datensätze assoziiert sein können (siehe Abb. 5.2: Referenzflusskonzept).

5.3.2 Datenstruktur von ILCD-Dateien

Im Datenformat der ILCD wird eine Ordnerstruktur wie in Abb. 5.3: Ordnerstruktur einer ILCD-Archivdatei dargestellt erstellt. Die darin enthaltenen Ordner beinhalten die für im ILCD-Datenformat geschriebenen UPDs notwendigen Dateien. Ihre Funktion und der Aufbau wird im Folgenden erklärt. Diese Erklärungen basieren auf (European Commission 2012), (Figl und Kusche 2021).

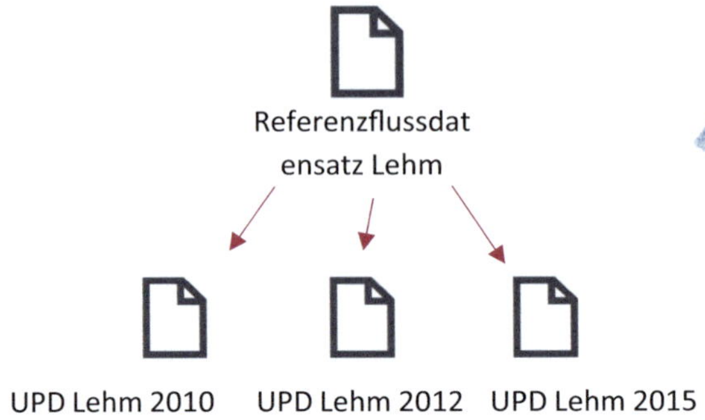

Abb. 5.2 Referenzflusskonzept, Quelle: Figl und Kusche 2021

Abb. 5.3 Erstellung eines neuen UPD-Datensatzes

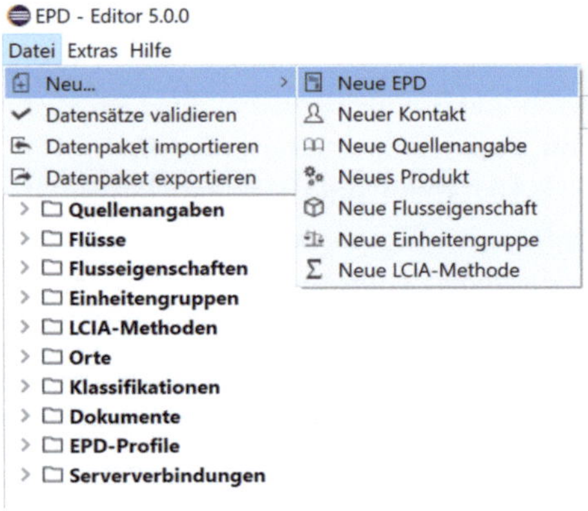

- Contacts, Kontaktdatensätze: In diesem Order sind alle mit der / den im Datenarchiv enthaltenen Umweltproduktdeklarationen verknüpften Kontakte als.xml Datei enthalten. Diese Kontaktdaten beinhalten unter anderem die Ersteller von Daten, ihre Prüfer, Hersteller und Organisationen.
- External_docs, Externe Dokumente: Beinhaltet extern zugefügte Dokumente wie Bilddateien oder Dokumente.
- Flowproperties, Flusseigenschaften: Sie umfassen eine Liste von offenen Eigenschaften wie beispielsweise Masse oder Heizwert in Form von XML-Dateien. Sie können beliebig erweitert werden.
- Flows, Flussdatensätze: In diesem Ordner sind die Referenzflussdatensätze, welche mit der enthaltenen UPD assoziiert sind in einem XML-Format gespeichert.
- Lciamethods, LCIA-Methoden: Datensätze, welche die Informationen zur Bilanzierung der Auswirkungen auf die Umwelt in Beteiligung aller verwandten Prozesse über ihren Lebenszyklus enthalten. LCIA steht dabei für Life Cycle Impact Assessment, welches übersetzt Analyse der Auswirkungen im Lebenszyklus bedeutet. Sie werden in einem XML-Format gespeichert.

- Processes, Prozessdatensätze: Dieser Ordner enthält die eigentlichen Umweltproduktdeklarationen als XML-Dateien. In ihnen sind in je einer Datei für die jeweilige Umweltdeklaration relevante Daten gespeichert, wie Name, Referenz- und Gültigkeitsjahr, Prozesseigenschaften und die eigentlichen Umweltauswirkungskennwerte.
- Sources, Quellen: Enthält die in der in der enthaltenen UPD referenzierten Quellmaterialien, wie Verweise zu Normen, die ursprüngliche UPD oder Referenzen. Die Datensätze sind im XML-Format gespeichert.
- Unitgroups, Gruppen von Einheiten: In diesen Datensätzen sind Einheiten von beispielsweise Volumen, Maße oder der Umweltauswirkungsindikatoren wie Kg CO_2Äq. Auch diese Datensätze sind im XML-Format gespeichert.

5.4 Entwicklung der ILCD + EPD-Kompatiblen UPD für Lehmputzmörtel

Um die Umweltproduktdeklaration des Dachverband Lehm e. V. in ein mit den Anforderungen der Ökobaudat kompatibles Datenformat zu bringen wurde entschieden den von der Ökobaudat veröffentlichten EPD-Editor zu verwenden. Dieser Editor für ILCD-Daten mit EPD Datenerweiterung wird von der Firma GreenDelta seit 2017 ursprünglich als ein Plugin für das ebenfalls von GreenDelta entwickelte Programm zur Umweltbilanzierung, zum Lesen und Erstellen von Umweltproduktdeklarationen im ILCD-Format. Das Programm wird unter der Open Source-Lizenz Mozilla Public License 2.0 veröffentlicht. Diese schwache Copyleft-Lizenz berechtigt jeden zur kommerziellen Nutzung, Änderung, Weiterverteilung, Nutzung in Patenten und der privaten Nutzung. Herausgeber müssen keine Garantien geben und sind nicht haftbar für Schäden welche aufgrund der Nutzung des Programmes entstehen können (msrocka GreenDelta 2017), (Mozilla 2012). Der Quellcode steht offen auf der Plattform Github sowohl kompiliert als auch zum selber kompilieren kostenfrei zur Verfügung. Die zum Zeitpunkt der Verfassung aktuellste Version ist 5.0, veröffentlicht für die Betriebssysteme Windows und macOS am 11. Juni 2021 (Michael Srocka 2021). Zum Zeitpunkt der Veröffentlichung dieses Berichts funktioniert die kompilierte Version unter macOS Systemversion 12.5 nicht, sie muss zuerst wie unter (Michael Srocka 2021) beschrieben kompiliert werden. Somit wurde mit dem EPD-Editor auf Windows, Version 5.0.0 fortgefahren.

Um die Arbeit in der Ökobaudat zu erleichtern, empfiehlt es sich zuerst die Ökobaudat zu importieren. Somit ist sichergestellt, dass bereits alle notwendigen Referenzen zu beispielsweise Normen, Massen, oder Referenzprodukten und -flüssen im EPD-Editor vorhanden sind und nicht neu angelegt werden sollten. Dafür wird die.zip-Archivdatei ÖKOBAUDAT 20XX-XX (Datum der Veröffentlichung) auf der Seite (Ökobaudat 2022) heruntergeladen und im Programm EPD-Editor über den Menübefehl Datei -> Datenpaket importieren im geöffneten Fenster ausgewählt und mittels der Schaltfläche ‚Öffnen' geöffnet (siehe Abb. 5.5: Auswählen der Ökobaudat-Archivdatei). Im folgenden Dialogfeld wird mit Ja bestätigt, dass alle enthaltenen Datensätze importiert werden

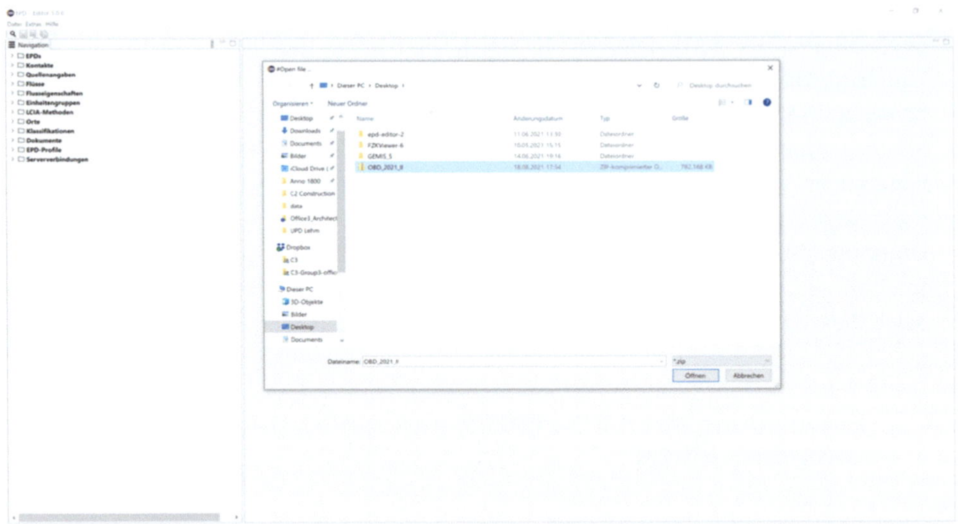

Abb. 5.4 Auswählen der Ökobaudat-Archivdatei

sollen. Daraufhin sind alle in der Ökobaudat enthaltenen Flussdatensätze, Flusseigenschaften, Kontakte, Quellen, Prozessdatensätze, Quellenangaben, und Gruppen von Einheiten im EPD zum Referenzieren verfügbar.

Die Daten der Umweltproduktdeklaration wurden im Rahmen des gemeinsamen Forschungsprojekts vom Dachverband Lehm e. V. in der neuesten Ausführung dessen Recherche in Form einer Excel-Tabelle zur Verfügung gestellt. Um sie zu übertragen wird mittels des Menübefehls Datei -> Neu -> Neue EPD ein neuer, leerer Prozessdatensatz angelegt, welcher die neue UPD repräsentiert (siehe Abb. 5.3). Ihm wird eine zufällige UUID zugewiesen, welche als Dateinamen verwandt wird. Nun werden die Datenbankfelder der UPD ausgefüllt. Im folgenden Kapitel werden die Datenbankreiter des EPD-Editor erklärt. (Siehe Abb. 5.4)

5.4.1 Erstellung von anderen Dateitypen im EPD-Editor

Wie in Abb. 5.3 dargestellt lassen sich mit dem EPD-Editor nicht nur UPD-Datensätze anlegen, sondern auch die anderen in 2.1.1 erklärten Dateitypen des ILCD-Datenformats: Kontaktdatensatz, Quellenangaben, Produkte (Flussdatensätze), Flusseigenschaften, Einheitengruppen und LCIA- Methoden. Das Anlegen der meisten dieser Datensätze ist für die Erstellung einer UPD nicht notwendig, wenn diese bereits wie in 2.1.1 beschrieben mit der Ökobaudat importiert werden. Für die Erstellung der UPD LPM wurden Kontakte, Quellenangaben und ein Flussdatensatz für Lehmputzmörtel angelegt. Die Erstellung der Datensätze erfolgt wie die Erstellung eines UPD-Datensatzes wie in 3.1.1–3.1.4 beschrieben.

Ergebnisse

Modul	Szenario	Indikator	Wert	Einheit
A1-A3	Erdfeucht	Σ Abbau Potential der stratosphärischen Ozonschicht (ODP)	2.68351E-10	kg R11-Äqv.
A1-A3	Erdfeucht	Σ Bildungspotential für troposphärisches Ozon (POCP)	4.04388E-6	kg Ethen-Äqv.
A1-A3	Erdfeucht	Einsatz von Sekundärstoffen (SM)	0.0	kg
A1-A3	Erdfeucht	Einsatz von Süßwasserressourcen (FW)	7.43069E-4	m3
A1-A3	Erdfeucht	Entsorgter nicht gefährlicher Abfall (NHWD)	2.29915E-4	kg
A1-A3	Erdfeucht	Entsorgter radioaktiver Abfall (RWD)	3.81273E-7	kg
A1-A3	Erdfeucht	Erneuerbare Primärenergie als Energieträger (PERE)	0.037567359	MJ
A1-A3	Erdfeucht	Erneuerbare Primärenergie zur stofflichen Nutzung (PERM)	7.22885E-9	MJ
A1-A3	Erdfeucht	Erneuerbare Sekundärbrennstoffe (RSF)	0.0	MJ
A1-A3	Erdfeucht	Σ Eutrophierungspotenzial (EP)	5.20985E-6	kg Phosphat-Äqv.
A1-A3	Erdfeucht	Exportierte elektrische Energie (EEE)	0.0	MJ
A1-A3	Erdfeucht	Exportierte thermische Energie (EET)	0.0	MJ
A1-A3	Erdfeucht	Gefährlicher Abfall zur Deponie (HWD)	4.12819E-5	kg
A1-A3	Erdfeucht	Σ Globales Erwärmungspotenzial (GWP)	0.007598403	kg CO2-Äqv.
A1-A3	Erdfeucht	Komponenten für die Wiederverwendung (CRU)	0.95	kg
A1-A3	Erdfeucht	Nicht erneuerbare Sekundärbrennstoffe (NRSF)	0.0	MJ
A1-A3	Erdfeucht	Nicht-erneuerbare Primärenergie als Energieträger (PENRE)	0.140033467	MJ
A1-A3	Erdfeucht	Nicht-erneuerbare Primärenergie zur stofflichen Nutzung (PEN...	0.0	MJ
A1-A3	Erdfeucht	Σ Potenzial für den abiotischen Abbau fossiler Brennstoffe (ADPF)	0.144454576	MJ
A1-A3	Erdfeucht	Σ Potenzial für den abiotischen Abbau nicht fossiler Ressourcen (...	4.312E-7	kg Sb-Äqv.
A1-A3	Erdfeucht	Stoffe für die Energierückgewinnung (MER)	0.0	kg
A1-A3	Erdfeucht	Stoffe zum Recycling (MFR)	0.001782707	kg
A1-A3	Erdfeucht	Total erneuerbare Primärenergie (PERT)	0.037567367	MJ
A1-A3	Erdfeucht	Total nicht erneuerbare Primärenergie (PENRT)	0.140033467	MJ
A1-A3	Erdfeucht	Σ Versauerungspotenzial von Boden und Wasser (AP)	1.8597E-5	kg SO2-Äqv.

Abb. 5.5 Tabelle der errechneten Umweltbilanzkennwerte im EPD-Editor

5.5 Zukünftige Aufgabenfelder

Das im Rahmen des Projektes gesetzte Ziel eine mit dem geforderten Datenformat der Ökobaudat kompatiblen Datensatz der Umweltproduktdeklaration zu erstellen wurde erreicht. In Zukunft stehen nach Abschluss des durch den DBU geförderten Projektes weitere Aufgabenfelder offen, welche im Folgenden erläutert werden.

5.5.1 Entwicklung einer mit DIN EN 15804 + A2 kompatiblen UPD

In Zukunft wird durch die Ökobaudat von UPDs eine Bereitstellung von Daten, welche nach der DIN EN 15804+A2 berechnet wurden, erwartet. Die bisherigen nach DIN EN 15804+A1 lassen sich mit denen nach DIN EN 15804+A2 nicht vergleichen, da in A2 neue Indikatoren und neue Berechnungsmethoden für bestehende Wirkungsindikatoren gefordert werden. Während einer noch zeitlich undefinierten Übergangsphase (Stand: August 2022) werden in der Ökobaudat noch sowohl Datensätze nach DIN EN 15804+A1 wie auch nach A2 aufgenommen, jedoch in getrennten Datenbanken dem Endnutzer zur Verfügung gestellt. Nach Ablauf dieser Frist werden keine Datensätze nach DIN EN 15804+A1 mehr angenommen und diese werden nur noch im Archiv einsehbar sein. Darüber hinaus werden zukünftig für das Berechnungssystem Nachhaltiges Bauen nur noch UPDs nach DIN EN 15804+A2 zugelassen sein (Bundesinstitut für Bau- 2021, S. 15).

Dadurch besteht für die Umweltproduktdeklaration Lehmputzmörtel die Notwendigkeit nach DIN EN 15804+A2 erneut berechnet zu werden. Darüber hinaus wurde im Rahmen des Antragsprozesses zur Aufnahme der UPD in die Ökobaudat durch deren Seite die Rückfrage gestellt, zu welchem Zeitpunkt die Umstellung auf DIN EN 15804+A2 geplant ist. Dies ist durch den Dachverband Lehm e. V. bereits danke einer Folgeförderung durch den DBU geschehen, die geplante Veröffentlichung der aktualisierten UPD LPM ist voraussichtlich Ende 2022. Durch wen die Aktualisierung der Datensätze im EPD-Editor erfolgt, ist zu diesem Zeitpunkt noch unklar.

5.5.2 Übertragung des Datensatzes in Internationale Datenbanken

Im Rahmen der Folgeförderung durch den DBU des Dachverband Lehm e. V. sind weitere Muster-Umweltproduktdeklarationen für Lehmprodukte entstanden: für Lehmplatten, Lehmmörtel und Lehmsteine. Diese müssen nach Finalisierung und Verifizierung auch in die Ökobaudat eingetragen werden. Ob dies im Rahmen einer Folgeförderung für die TH-OWL geschehen kann ist zum Zeitpunkt des Verfassens dieses Berichtes noch unklar.

Durch die Erstellung eines mit dem ILCD-Datenformat kompatiblen Datensatzes ist es in Zukunft möglich diesen auch in anderen Internationalen Datenbanken für Umweltbilanzierungsdaten zu veröffentlichen. Dabei ist besonders die Datenbank eco-platform.org zu nennen, welche eine europaweite Datenbank für UPDs von Bauprodukten ist. Die Datensätze müssen im ILCD+EPD-Format bereitgestellt werden, in welchem der Datensatz der UPD LPM vorliegt. Durch wen die Beantragung der Veröffentlichungsrechte und die Eintragung der Daten erfolgen kann ist derzeit noch unklar.

Der Dachverband Lehm e. V. agiert bereits als Programmbetreiber für die Erstellung und Veröffentlichung von UPDs. Ob dieser in Zukunft auch durch die Ökobaudat als Programmbetreiber zur Veröffentlichung von Daten in der Ökobaudat anerkannt wird ist derzeit noch offen. Dadurch wäre es für Hersteller in Zukunft einfacher eigene erstellte UPDs zu veröffentlichen, da sie selber nicht als Programmbetreiber agieren müssen. Da die Aufnahme der UPD LPM in der Ökobaudat noch nicht bestätigt ist gilt es diese Frage noch zu klären.

5.5.3 Erstellung und Veröffentlichung von produktspezifischen UPDs für Lehmprodukten

Auf Basis der Muster-UPD LPM sollten in Zukunft durch Hersteller von Lehmprodukten Produktspezifische UPDs erstellt und in der Ökobaudat veröffentlicht werden. Diese kann als Vorlage genutzt werden, herstellerspezifisch abweichende Produktions- und Transportprozesse müssen dabei auf ihre Umweltbilanz erneut berechnet werden.

Dadurch werden auch UPDs mit besserer Umweltbilanz entstehen, da in einer Hersteller-spezifischen UPD nicht mehr vom Worst-Case ausgegangen werden muss, sondern die tatsächlich angewandten Abläufe abgebildet werden. Somit ließen sich die Produkte verschiedener Hersteller auf ihre Umweltbilanz genauer vergleichen und könnte Herstellern als Marketinginstrument dienen. Solche UPDs und Dateien können jedoch nicht nur durch die Ökobaudat vertrieben werden, sondern auch bereits vor Veröffentlichung in dieser auf der Internetseite der Hersteller Nutzern zum Herunterladen zur Verfügung gestellt werden.

MIX
Papier aus verantwortungsvollen Quellen
Paper from responsible sources
FSC® C105338

If you have any concerns about our products,
you can contact us on
ProductSafety@springernature.com

In case Publisher is established outside the EU,
the EU authorized representative is:
Springer Nature Customer Service Center GmbH
Europaplatz 3, 69115 Heidelberg, Germany

Printed by Libri Plureos GmbH
in Hamburg, Germany